真食手作

Vicky的
無添加日常廚房

廖千慧Vicky・趙志遠Jay 著
趙貞晴 繪

常常生活文創

存乎一心

「有哪位學員是我剛才問是不是研究單位或罐頭食品工業從業人員時，都沒有舉手的？」一個瘦瘦高高，理個小平頭的帥哥帶著靦腆的笑容，慢慢的將手很孤單的舉起來。我當時非常好奇為什麼一個非業內人士會報名參加這個美國政府嚴格要求所有外銷美國的罐頭（包含軟包裝）食品加工業者都必須取得證書，為期五天內容很硬的官方培訓課程，所以在午餐期間便拿著便當到這位學員的旁邊坐下聊一聊……

「老師，我沒有任何食品科學的背景，可是因為現在幫忙老婆創業，有做一些醬料，希望能夠學習最正確的觀念，把該做的都做好；剛好看到這個培訓課程，就來報名了。」

這是2014年我代表美國FDA（Food and Drug Administration）在新竹食品工業發展研究所在台灣開辦第一次「Better Process Control School」時的場景。而那位最後舉手的帥哥，沒錯，就是真食手作的老闆 Jay 趙志遠。

聽 Jay 說完他們夫妻自好幾年前開始，從做醬料，到 Jay 把科技業的工作辭掉，專心協助老婆 Vicky 在淡水開餐廳的緣由之後，我動容了。接下來的記憶就是我跟 Jay 從北車捷運一路站到淡水，一路分享見聞。兩個身高貼近拉桿的人在擠滿了人的捷運上其實還蠻好聊天的，又多瞭解他們的心路歷程，也多了幾分感佩。到了「真食。手作」之後，Jay 有點手忙腳亂的招呼我坐下，然後帶著幾分羞澀地介紹他身後那位穿著圍裙，滿臉笑容，手還微濕的女士，「老師，這是我太太 Vicky，她想請您幫忙看一下廚房裡使用的食材及調味料。」

就這樣，一瓶一瓶，一包一包，「老師，這是從法國進口的，有沒有人工添加劑？」「老師，這可不可以用？」「老師，這個成分的功能是什麼？有沒有天然的成分可以取代？」我們花了一個下午，直到晚上，終於把他們廚房的材料全部徹頭徹尾「稽核」了一遍，也聽到請來的廚師說的，「以前當學徒從師傅那邊學到很多竅門，知道如何使用不同的方式讓本來不怎麼樣的食材變得好吃；可是現在嚐到食物本身真正的味道之後，再也回不去了。」在離開前有幸遇到高中剛下課，身上沾著水彩的「晴公主」，這個故事（這本書）的主角們都到齊了！

「老師，Vicky 在寫一本無添加的食譜，裡面有些牽涉到對添加劑使用的觀點，我們希望能夠正確敘述，不知道老師能不能幫忙指導一下？」

好呀，這有什麼問題呢！於是我把在美國大學教了20年的食品加工課程濃縮成簡單的一句話：「食品添加劑的使用不外乎三個目的：保存、賣相以及口感。」

為了延長在貨架上擺放的期限，為了讓食品在貨架上看起來新鮮美味，為了維持食品到達消費者口中時能呈現最佳口感，全球各地的食品科學家花了許多精力，研發不同的添加劑。拜工業革命所賜，現代人的生活越來越忙碌，花或塞在路上的時間越來越長。為了提供我們便利的生活

（其實是現代人懶得下廚），食品的生產及運銷也越來越發達。在不同的地區，一年四季都可以買到各種品項的食物，而添加劑的使用也在這個前提之下變得理所當然。當天然成分因單價或季節因素不敷使用時，便宜又效果絕佳的合成添加劑自然獲得青睞。美國FDA對添加劑的管理以風險為標準，也就是根據毒理學家普遍認可的劑量理論 dosage makes toxicity 來決定是否有毒性，所以如果用的是合法的添加劑，而且是合理使用（不超過法定的使用量），基本上認定是安全無虞的。

如果不是人類世代沿用的食材，在決定一個成分能不能被用在食品裡時，美國FDA要求必須提供急性及慢性毒性試驗的結果來審核。但是每個毒性試驗結果，不管是動物或人體試驗，都是以單一成分，不同劑量，添加在單一食品裡而獲得。舉個例子，一個工作忙碌的家長，為了讓孩子在他（她）在家加班時不要吵鬧，隨手塞給孩子一包油炸的食物，吃完了再塞同樣或不同的一包。當然每包都是合法合理使用添加劑；但這樣一個不經意的動作，有可能造成什麼問題嗎？

試想，如果多吃油炸的加工品，吃到同樣防止氧化酸敗的成分之機率就明顯增加，這是否有造成累積毒性的可能呢？孩子的發育跟免疫都沒有完全成熟（老人則是免疫力下降），也從來不是參與毒性試驗的對象，但可以想見，幼童與老人，對合成添加劑的代謝都不如健康的成年人。FDA要求慢性毒性試驗的期限為25年，從實驗的角度看，非常長，可是相對與人的一生，25年不過倏忽而已。那麼，不同添加劑之間的交互作用，以及它們在人體不同臟器中可能累積的機率及承受量呢？目前的科學實驗設計，並不足以瞭解複雜的生理交互作用。

在這裡必須聲明的一點是，我絕對沒有要把食品添加劑污名化，而是提醒大家，我們要針對的是「必要性」的角度來思考。當全球食品界走向有機以及 minimally processed food（極少加工的食品）的趨勢時，在這個盛產蔬果的寶島，真的需要為了貪圖方便，買合成果汁，而不吃新鮮蔬果嗎？至於連鎖餐廳為了應付客流量，而採用中央廚房統一製配的半成品，造成運輸過程需要防腐及維持賣相口感而使用的添加劑，更是無法讓消費者像包裝食品一樣在標示上看到。

所以，Jay和Vicky這本書的價值，其珍貴不言可喻。用「心」做出來的料理，絕對是現代人尊重自己，愛護家人的首選！感謝他們夫妻的用心，更開心上次能跟Jay一起，在台北站目送「晴公主」搭高鐵南下，開始自己燦爛的大學生活，讓我親眼看到他們夫妻，為了給女兒一個健健康康的人生，所付出的努力，及所得到的成果。現在有機會把好的料理方法逐一分享給大家，各位還在等什麼呢？

國際食品科技聯盟無任所大使
世界食品保存中心首席科技顧問
羅揚銘 博士
寫於美國馬里蘭州 2017年11月4日

眞食、手作，每天從練習一道愛的料理開始

一個因緣際會之下認識了廖千慧小姐，開始知道他的人生故事與正在努力的人生，真心感到佩服。千慧小姐因為自己的孩子開始改變，先生也非常支持她。然而她所推行的「真食」在台灣已經被大家追求了好一段時間，因為食安的問題接二連三的爆發，越來越多人尋找真正的食物；而「手作」在市面上也是越廣見了。但是，真正把兩者都落實在家中並不是這麼容易呢！千慧小姐竟然徹底地將兩者並進，他們的家人真的很幸福，吃到他的料理的客人也很幸福。與她對話中，我再度強烈感受到身為一個母親想要付出的力量之偉大與重要。

說來汗顏，日本是食品添加大國，幾年前日本食品添加劑之神—安倍司先生，神之手為多數的添加劑解秘，一一寫在書中讓大家明白原來我們平時吃進肚的許多添加劑。相信不少人看完之後到便利商店拿即食品時就會開始猶豫，拿起餅乾、優酪乳除了看保存期限也會瞄一眼看不太懂的成分表。添加劑真的是花花世界，大多是有看沒有理解，許多達人教大家的一個原則就是：成分表內容物越少越好；一個超商的飯糰，很簡單就可以做出，但卻隱藏了許多看不到的添加劑。倘若我們可以自己做真正的食品那就是最好了，我想這是多數媽媽的夢想，也是敬畏的一件事，因為不知道從哪裡做起，不熟悉所以要花費較多的時間製作。

日本MOA推動食育已經有很長的歷史了，我們推動的是「自然食」、「自然農法」，而日本政府從2005年也開始立法「食育基本法」由政府共同推動飲食教育。因為發現了飲食中的添加劑對於人體的影響以及飲食西化、快速化，家庭飲食習慣也改變了，固食、孤食、粉食等等一一出現餐桌上。而日本醫療的問題是一個非常嚴重國家經濟黑洞，國家要強健必須要有健全的家庭與餐桌，「治世先治食」也體現出第一產業生產者以及料理者的重要。所以，日本政府才在12年前立法食育基本法。真正落實在家中的真飲食有多少呢？不可而知。

不過，可以確定的是，從近幾年來觀察，重視健康飲食的人越來越多，願意栽種無農藥無化肥蔬果的人也越來越多。接下來的契機就是希望更多人能夠把多一點時間拿來烹飪，不論是家人或是客人，如果有機會能夠烹調一餐無添加而是滿滿的愛的料理，真的會讓社會越來越幸福。多一點幸福安心的料理，少一點疾病的發生，對整個國家來說醫療的負擔會降低。日本食通信創辦人—高橋博之先生常常說的一句話「治世、治食」，有穩定的安心食物來源、用愛的料理可以減少身體過敏的症狀、降低情緒不安的機率，透過料理被療癒的心可以讓社會越來越穩定。

大家都說孩子像白紙一樣的純潔乾淨，其實孩子們的味蕾也是很純淨，只是我們讓孩子們慢性的味蕾麻痺，吃進過多的添加劑讓孩子開始對食物的原味產生抗拒與不適應，所以呈現食物的原味非常重要。不僅孩子需要和家人一起共食，老人也需要，每一個人都需要。一道料理，一張餐桌是人與人很大的情感鈕帶。進而追尋食物的來源，去產地認識生產者，與他們互動，多一點

了解食物的來源，在餐桌上可以想起生產者的用心。在繁忙的生活中大多數的人都是看著商品陳列的外觀及價格來決定是否要用金錢來交換，卻缺少了一份生產者與消費者之間的聯繫，這個聯繫是相當重要的溫度。

　　期許更多像千慧小姐一樣願意用心料理、無私分享的人在台灣遍布開花，願多一個家人、多一個學校的孩子都能少吃進添加物，而吃到用愛心烹調出的料理。這本書寫的不是「理論」，而是「實作」，這也是現在食育推動最需要的，所以非常適合每一位喜愛無添加料理的你，更適合想要入門卻一直猶豫的你。將「真食、手作」這本書收藏放在廚房，每天從練習一道愛的料理開始，七天就會很不一樣的改變。讓我們一起來讓自己的人生變得更幸福、更美好吧。

月足 吉伸
中華MOA協進會副理事長

註 固食：偏好某些自己喜歡的食物、孤食：一個人用餐、粉食：吃以麵包或麵食為主的食物。

很少烹飪的書籍敢寫是不加添加物烹調的，《真食手作，Vicky的無添加日常廚房》竟然敢寫不加添加物烹調，讓我覺得非常感動。

我從事食安工作已逾30年，深知食品添加物的濫用對國民健康造成的危害，尤其是現在餐飲業用最多的pH調整劑。我不認識Vicky女士，但她說，1991年她的女兒晴晴三歲半時得了血癌，這字句著時讓我嚇了一跳。「癌」字是由「品」、「山」「病」三字組成，意思是說「食品吃了堆積如山就會病了」，這病就是癌症，這食品就是加工食品，加工食品就是添加物添加很多的食品，過度加工的食品雖然合法，但是道德性卻有待商榷。

Vicky女士為了女兒的健康，又不願意接受食品添加物充斥四周的事實，因此她開始試著自己做一些無添加物的食物，像是青醬、鬆餅、番茄醬、蘿蔔糕、用優格做的蛋糕、水果釀成釀酒、果醬類等以取代市面上含有過多化學添加物的商品，Vicky並於獲得2016亞太無添加物美食獎，精神令人敬佩。

現今餐廳菜餚的調味料不外乎「雞粉、高湯塊、柴魚精、香菇精、高鮮味精、烹大師、魚露、蠔油、烤肉醬、焦糖色素」等，如上以核苷酸為基質的調味料只要運用得宜，所烹調出的菜餚一定非常好吃，因此，現今餐廳廚師只要在火候、刀工、盤飾等下功夫，一道美食佳餚即可呈現眼前。這也說明了要寫實一本常見的烹飪書籍，實在是不怎麼難，我們可以從市售烹飪書籍作者的量產窺知全貌。

但要寫一本無添加物的烹飪書籍，卻是難上加難。天然的食物容易氧化、褐變、黑變、老化、酸敗、腐敗，天然食物味道太淡、鮮味不足，這些缺點正是天然食物無法立足於餐飲界的致命傷。Vicky女士在寫這本書之前，她必須花很長的時間去嘗試錯誤，而後找出哪些食物可以「顏色互補」、「營養互補」、「味道互補」、「抗氧化互補」、「營養互補」、「五行互補」，而後於書中明白教導民眾，如何於最短的時間內可有效的製作對健康十分有益的無添加物飲食，減少不當飲食對身體的負擔，達到「吃對食物、吃出健康、吃出幸福」之目的。

作者廖千慧女士《真食手作，Vicky的無添加日常廚房》一書，真是超棒的好書，精讀這本書，不但可以享受天然美食，更可對各種天然食材有更深一層的認識，我期望藉由這本書，能讓讀者達到養身愉悅之目的。祝大家永遠健康！

文長安 教授
衛生福利部食品藥物管理署技正退休
現任輔仁大學食品科學研究所、餐旅管理系兼任講師

你知道嗎？無添加料理也能風味十足呢！大部分的人習慣了風味添加物，反而忘記了食物本身風味的迷人之處。其實無添加飲食也能風味十足，從這本書就能夠學習到天然食材，使料理美味鮮香的秘訣，又貼心地在每道食譜中，附上了對應食材選購時避開化學添加物的技巧。此外最吸引我的，就是親手做醬料的部分了，大部分的市售醬料若不仔細挑選，總是免不了會吃下增稠劑或色素等，再來就是經常到處跑的我不一定能買到的家鄉味醬料啊！好比書裡頭的一花生芝麻醬，真是迫不及待想要自己試試看了～ 這本教你做無添加也能美味不打折的料理書，請一定要擁有！

包周

無添加食物造型師・節目料理人・味嚼喃喃網站主理人

食品產業日新月異，因為健康訴求是近年來的重點中的重點，許多食品事件常常是人工化學食品添加物之濫用，造成消費者在飲食上的恐慌。如果提供一些對食物比較友善的製作方式，並且搭配對食物材料特性的了解，再加以利用現在的科技，其實是可以避免這些問題產生的。因為日前世界的各大食品產業持續逐漸往簡單配方（CLEAN LABLE）的方向前進，其實在2005年就有相關人士提出這未來的願景，並且在近十年間蔚為風潮。歐美國家許多食品業者因觀察到消費者對於人工化學添加物有越來越害怕的趨勢，並且因為健康導向的目標，進行追求天然、簡單的基本食品相關需求，於是乎陸續開始研發許多簡單配方的食品，持續將人工化學添加物減到最少，並且同時對製程簡化，使其愈簡單愈好。例如：以天然來源的添加物取代人工化學合成的添加物也是簡單配方的一種解方，但在產品製作上的效果可能比原來的安定性差。舉一個實例來說：紅色色素有人工合成的，也可從紅麴萃取天然來源的紅色色素，但在紅龜粿產品中添加從紅麴取得的紅色色素，穩定性就沒有人工合成的紅色色素效果好，顏色也無法持久，但是這些是消費者要慢慢學習接受與認同的。本書的作者也是根據這些理念進行產品與菜單的設計，提供真正的食物一個較為友善的製作方法，也提供讀者再次思考食物處理方式的機會，特為推薦本書。

邱致穎 博士

台灣食品技師協會、台灣食品科學技術學會等會 理事

東海大學食品科學系兼任農業推廣中心主任

目前市面上的添加物大多有害人體健康，因而造成許多無可避免的遺憾，但在這資訊透明的時代，消費者已有更多選擇健康飲食的機會。「真食手作」作者透過實踐力行，從基本的食慾，到食物的本質進而賦予其美味。告訴你如何正確選擇食材及烹調方式，在此外食型態當道的環境之下無疑是一大福音，致所有聰明的你。

吳鑑勳

台灣中華科技大學餐飲管理系教授

還有什麼事情是比沉浸在美食中更令人愉悅的事情？無論是來自屏東飼養的放山黑羽土雞、澎湖的潔淨明蝦、埔里美人腿之茭白筍、美濃的白玉蘿蔔、基隆的現流透抽、嘉義的台灣鯛魚片、花蓮玉里網室健康豬肉…好多好多在地食材都能夠變身成為餐桌上的鮮美佳餚，豐愉我們的心情、飽足我們的腸胃，感受生命的美好！而要讓食材發揮他們的特色，挑逗不同饕客嚴苛的味蕾，沒有高明的廚藝和專家的烹調，就無法發揮食材自然的原食原味！如何利用天然的味道，排列組合、簡單料理，而不用強暴的方法去逼食物改頭換面，無添加，事多麼困難的事情！很開心，「真食手作」的掌門人賢伉儷，可以無私地分享他們多年精心調製的醬料作法，並教導讀者如何利用這些簡單配方的醬料，去幫不同的食材畫龍點睛，讓餐桌上的美食不再簡單！更體貼的，是餐桌上飯後應有的甜點和飲品也沒懶惰，通通把配方和做作分享出來，這些美食佳餚飲品的知識，可都是經過無數次試驗、消費者的評鑑所累積下來的智慧，原來，美味不一定要複雜！透過本書的內容，得以快樂地體驗餐桌上的幸福滋味，可以無添加！

鄭揚凱

台灣食品GMP發展協會技術委員

無添加美食是透過食物本身淡淡的原味，如洋蔥、胡蘿蔔、白蘿蔔、芹菜、蒜苗、西芹、蘋果、水梨……作為食物甜味的來源及基本調味料。或是只要簡單製作醬汁就能呈現肉類及海鮮的原汁原味，無須任何添加物，就非常美味。所以我推崇作者的理念－回歸真食手作，真食代表的是健康，手作就是找回過去健康的飲食方式。讓真實食物成為主流，全民健康，醫院空空。

吳東寶

台灣台北城市大學餐飲管理系 西餐專業技術教師

每次和Vicky討論要如何介紹新果醬時，討論的過程中總是可以感受到Vicky研發的熱情，她在設計味道、搭配食材時，總是先想到「消費者可以如何運用」，希望這些果醬被買回去之後，可以有更多的變化。

醬，就像是一條捷徑，每個人都可以利用「醬」快速變出美味的料理。

要作出無添加的醬並不容易，不能使用香料、防腐劑、增稠劑等等化學添加物之後，只能靠天然食材來呈現。Vicky有位經營中餐的父親，本身也精通西式料理，運用她對食材的知識和敏銳的味覺，設計出這些醬料與食譜。這本書毫不藏私地將所有作法、食譜分享給大家，製作出這些醬料之後，就像是有了一個起點可以發揮，即使是料理新手，都能用這本書輕鬆做出美味又安心的食物給家人。

上下游市集

因女兒的一場病，開啓「無添加物」飲食之路

十多年前，台灣社會尚未發生這麼多食安事件，很多人問我什麼是「無化學食品添加物（以下簡稱無添加物）」的食物？為什麼要做無添加物的產品？無添加物有什麼意義？原因很單純，1991年，我的女兒晴晴得了血癌，那時她才3歲半，為了與病魔抗爭，我開始檢視女兒身邊食、衣、住、行的所有項目，其中能夠改善女兒健康及體力的就是食物。而市面上大多數的食品內容標示著密密麻麻的化學元素符號，後來才知道那些是防腐劑、色素、調味劑、香料、乳化劑、黏稠劑、抗氧化劑等，當時並不太清楚這些有什麼作用，只覺得不想讓生了病的女兒再吃下任何不該是食物的東西，不應該也沒必要。後來發現如果要避開這些化學添加物似乎不是這麼容易，一般超級市場、便利超商幾乎找不到沒有化學添加物的食品，甚至一般傳統市場，也會有一些食材是經過化學添加物處理過的，當時國內極少有如何避免添加物及添加物的資訊，我常常在夜深人靜時瀏覽國外網站，試圖搜尋相關的資料，但能找到卻不多。

為了女兒的健康，但又不願意接受食品添加物充斥四周的事實，我心裡常常有個聲音問自己：「難道沒有這些看不懂的化學元素，我就做不出的食物了嗎？」直到有一天，我看到市售的布丁時，我才確認一件事：沒有這些元素，我一定也可以做出布丁。因此我常常試著自己做一些無添加物的食物，像是青醬、鬆餅、番茄醬、蘿蔔糕、用優格做的蛋糕、水果拿來釀酒及果醬等以取代市面上含有過多化學添加物的商品。

無添加物的實踐—「真食。手作」

女兒日漸康復後，在一個愛心義賣的機會，我用自己栽種的甜羅勒做成青醬銷售，沒想到大受歡迎，因此開啟了無添加物醬類產品的創業之路。內心的聲音告訴我：「我要做真正的食物。」因此，我將公司取名為—「真食。手作」，真食指的就是真正的食物，而手作就是用我的雙手來實踐無添加物的理想。最早我的醬類產品只在網路上販售，藉由FACEBOOK越來越多的朋友認識了我，也慢慢了解我做無添加食物的初衷及理念。後來商品開發的項目有70種以上，主要都是因應季節生長的果醬及中西餐料理需要的鹹醬。雖然是簡單的手作且產量有限，但是也曾進入連鎖通路，甚至通過日本嚴格的品質檢驗出口到日本。

因為在網路上推行無添加物的商品很久了，我一直希望有個實體店面，能與人面對面，實際示範無添加物醬料及如何運用在料理上，藉由烹調實作，傳達我對無添加物食物的想法——美味的料理絕對可以無添加物及用真正的食物作出來。於是，2014年底，我在淡水開了一家「真食。手作」無添加物概念餐廳。

在澳洲雪梨歌劇院領取亞太無添加物美食獎。

　　最初很多人勸我絕對不要開餐廳，包括開過餐廳的父母，因為做餐廳是非常辛苦的，何況是無添加物的餐廳，果然難度遠超過我的估計，所以從只能開出4道餐點開始，一路摸索，三個月後自己研究試作出覺得滿意的菜單後，才開始找廚師進行訓練。畢竟我不是業界出身的廚師，因此特別辛苦，同時還要堅持無添加物的理想。這段期間除了在餐廳製作餐點、同時兼做醬類產品外，還要去市場採買原料、備料、種植香草、清潔、規劃活動、教學課程等。另外，也要自己製作餐廳用的麵包及甜點（因為一般市面上烘焙原料幾乎都有化學添加物，因此只好自己製作）。而廚師也要從頭訓練對味覺的敏感度及手作食物的手感，因為新鮮的香料不比化學調味料單純穩定，通常需要更多的手作經驗及對味覺的敏感度才能將新鮮香料運用得宜，而這些都是我必須克服的難題。

　　2016年，開店兩年後，很幸運的，長期的努力得到了回饋。經國際無添加物協會 International Anti Additive Association（2013年在荷蘭成立，推行無添加物的國際組織）評審，獲得了2016亞太無添加物美食獎，這對我來說，無疑是最大的鼓勵，也證明我走在正確的路上。

CONTENTS

CONTENTS

PART3 節慶派對大餐，照樣無添加 275

可怕的食品添加物

我相信現在大部分的人對化學添加物是沒有感覺的，如果沒有特別提及，根本不太會有人注意到它的存在，或是視而不見。就以超市所販賣的果汁來說，現在的果汁或果汁調味飲料，幾乎都是「無果汁」或「10%以下的果汁」（基本上這10%也絕不是鮮榨的，而是加工濃縮還原的果汁），但是大部分人已習慣這就是果汁應該有的味道。但這些飲料大部分都是化學調味料再加入色素、甜味劑、乳化劑、保存抗氧化劑等多種化學物質所製成。這就是我們現在面對的問題，越是都市化、越是年輕的族群，和食品添加物越是容易有分不開的關係。

特別是台灣社會新一代的小朋友，繁忙的家長、包羅萬象的便利商店、以及形形色色的食品廣告，都加重了這個問題的嚴重性。大部分小朋友已經認不得真正食物的味道，因為已經被化學物質模擬出的味道顏色及口感給洗腦了。現在食品工業運用石油化學原料、特定植物或礦物萃取得需要的元素，再分解合成加工就可以模擬出接近草莓、蘋果、柑橘、櫻桃、香蕉、松露、香草、薄荷、迷迭香、牛肉、雞肉、海鮮等等超過數千種不同口味的化學香料，這些香料一桶一桶的販賣給食品製造商，來取代真正食材的風味。因此可以發現很多點心食品也侵入了小朋友的食品選擇裡，「好吃又好玩」、「健康營養」等詞句消弭了大家對這些垃圾食物的戒心，而這些高澱粉糖類及鹽分的食物已被廣泛證實是肥胖及多種慢性病的來源。同時為了讓這些澱粉（澱粉通常是最便宜的）為主的休閒食品誘人入口，大量使用不同的化學香料添加劑，讓火腿、起士、奶油、烤肉、雞翅甚至螃蟹的口味都可以用香料粉簡單又廉價的模擬出來，這些圍繞著我們的化學香料已經幫助各種加工食品一步步侵蝕了我們的飲食習慣，也陷入依賴化學添加物的負向循環。

事實上市場上另一個負向循環也正在進行中，就是大家都習慣了不合理的低價食品，像是便利商店裡的布丁、果汁都是最好的例證。以布丁為例，應用大量化學添加物（植物油、各種化學膠質添加物、香料、果糖、色素等）來取代高價的真正食材（雞蛋、牛奶、砂糖）以大幅降低成本，因此越是可以用低價販賣，消費者購買慾及市場普及度就越來越高，同時也越有更多的預算做廣告促銷。相反的越是使用真正的食材，成本價格必然偏

高，市場上普及度相對就不易提升。因此常常可以發現小朋友可能對真正用雞蛋蒸煮的傳統布丁不屑一顧，卻喜歡加了大量化學添加物的「假布丁」。化學香料濃厚的口味、色彩鮮艷的色素及滑潤口感的膠類添加物組成的「模擬布丁」已經攻克了小朋友的味覺。因此可以想見的是，如果父母不能覺醒，用對的角度來教育我們的下一代選擇好的食物，阻止這樣的負向循環，很多相對較好的食物就越難在市場上找到生存空間。

合法食品添加物的背後

當然或許大部分的父母都會認為反正市面上的這些食品都是使用合法的添加物，而且都還有各種安全的食品標章、劑量及用法都在規範中，既然是合法的，當然可以放心的享用。但是實際上我認為就算是合法的添加物還是有以下的疑慮：

1.各種添加物的交叉使用

我曾在便利商店檢視每一個商品的成分內容，發現飯糰就有40種以上不同的添加物、泡麵也有30種以上、即時沖泡的湯有50種以上、奶茶10種以上，所以一個習慣在便利商店用餐的外食族一天吃超過8、90種不同的添加物一點都不稀奇，而且一些隱藏的添加物還不算在內（像是內容物的醬油、調味料、天然香料這種字眼本身就可能隱含不同的添加物）。這些添加物固然經過專家學者測試推算對一般人體應該不會有任何傷害，但是似乎沒有人做更深入的研究，確認交叉綜合使用後不會有其他的變化。會

光是一顆飯糰，就有多達 30 種以上不同的添加物。

不會使某些化學物質毒性加劇？微小劑量的某添加物可能對某種臟器是安全的，但是配合其他添加物使用會不會就讓我們的內臟負擔倍增？上百種不同的化學物質交叉搭配使用會不會有其他問題產生？我想這點應該沒人敢保證。另外雖然每種的劑量都控制在合法劑量內，但是每天同時吃入幾十種，這樣累積下來的量也是很恐怖的吧。

2.添加物實驗期間足夠嗎？

人造奶油上市時，被行銷包裝成「精緻奶油」、「植物奶油」，並號稱不含膽固醇，是較健康的油脂，且因成本低廉而在市場風行好長一段時間，事實上這東西根本不是奶製品。是植物油經過「氫化」的過程，再加入香料、色素、乳化劑來模仿出奶油的味道及口感。後來證實氫化製程的作用形成大量的反式脂肪酸，會對人體心血管有不良影響，且據研究會降低細胞對抗致癌物質的能力，因此近幾年各國政府均針對人造奶油及反式脂肪做嚴格規範。這段歷史告訴我們，事實上很多商品大量上市發現有不好的問題後再修正法規前，我們都已經當了很久的白老鼠了。很多食品添加物跟這例子一樣，都是使用過一段時間發現問題後才訂出更嚴格的使用規範或提出健康警訊，甚至禁用。人造奶油只是個特例嗎？當然不是，味精、糖精、阿斯巴甜、硼砂、水楊酸、溴酸鉀、紅色二號、紫色一號色素等都是例子，但是這些物質對人體的影響是經年累月的，所以通常要過了好幾年才會被臨床發現對人體健康有疑慮或確定是不好的。因此相信陸續還是會有更多的食品添加物會因發現危及人體或致癌而停用。

近年來一些「基因改造食品」已經悄悄的包圍著我們，據統計2015年台灣整年消費的黃豆超過97%都是基因改造的了。和食品添加物一樣，目前並沒有被證實的負面案例，但是這些經過基因改造後能抗蟲害病毒及除草劑的新科學物種，人類及牲畜長久食用後會有什麼影響，實在是值得我們關注的。

3.食品標示相關問題

當然前提是廠商有按照食品法規來標註，說實在如果廠商因商業機密而隱匿或技巧性的避開（如某化學物質用學名或一般性代稱來標示）。另外也有可能製造原料就隱含著其他的添加物，譬如如果內容物標示含有醬油，而這醬油是化學製造的，當然就會有其他化學物質。其他字眼像是香料、調味料等也是類似的情況。

還有一個值得注意的例子，就是法規明定營養標示中反式脂肪每一百

公克少於0.3公克可以以0標示，這個可能誤導消費者，誤以為完全不含反式脂肪，因為這是有累積性的，長年累月之下很有可能就會受到病害。

4.其他潛在的致病性

像是飲料及食品都有的檸檬酸，一些研究單位發表的論文皆指出檸檬酸是導致牙齒酸蝕的主因之一。另外食用黃色4號、食用黃色5號、食用紅色6號、食用紅色40號等多種色素添加物也經過實際實驗發現與兒童過動、注意力不集中及具高度攻擊性等統稱為注意力缺失過動症的疾病有相當的關連。還有亞硫酸鹽、苯甲酸類的添加物經研究與氣喘、呼吸道過敏等症狀是有關連的。

事實上世界各地都有關於目前普遍使用的食品添加物危害研究，雖然不足以致命或是致癌，但是我相信大部分的人都不希望自己暴露在這些可能的風險之下。

所以合法的食品添加物事實上還是隱含著許多風險，要完全避免並不容易？最簡單的方法就是看到成分有看不懂的化學物品或添加物，就避免或減少使用。

添加物的其他面向

其實食品添加物的發明也是其來有自，並非全然都是不好的一面，只是我們用什麼樣的角度，做什麼樣的選擇。

1.添加物VS.風險

採用無添加物的飲食，並不代表就可以長命百歲、健康無虞。就像有人菸酒不沾卻得了絕症，天天菸酒卻百病不生的情況也是有。沒有什麼一定的對與錯，只是吃下不好的東西越多，化學物質累積的更多，身體也必然承受更多的風險。當然這些改變有時候並不單純是為了自己，像我的例子就是因為女兒生病才開始關注添加物的議題。另一個讓我印象深刻的例子則是日本的安部司先生，他本來是公認的食品添加物之神，這位添加物

達人一直認為自己幫助了食品工廠老闆將廢物變黃金，進而提升食品工業及日本經濟實力而自傲。直到有一天他發現自己的女兒竟然津津有味的吃著自己創造的肉丸子，而這肉丸子是用爛肉屑再混入30種添加物所遮掩整形創造出來的，他當晚就決定辭掉工作，之後開始轉變投入揭發食品添加物的工作。因此多想想家人，或許願意做的改變就更多了。

2.添加物真的必要嗎？

以一般家庭，習慣自己手作料理的媽媽們，大多可以避免添加物的食用。但設想便利商店的便當製造商，要在低成本下，能兼顧長時間的全省配送並在店內還能維持一定的陳列天數，這種營業必須的條件下，除衛生及溫度控制外，防腐、殺菌劑絕對是最重要且少不了的，只是除此之外，為了好看、香氣、口味等幾十種其他的化學添加物，就跟著一併吃入肚子內。

也有不少我們可能想不到的例子，像是有遠洋漁船為了魚貨除了快速低溫冷凍外，有的也加入一些化學劑料以防制某些黴菌及低溫菌。所以最好的方式還是儘量食用當季當地的食物。

3.無添加物飲食困難嗎？

對一個自給自足的農民來說，吃自己種的菜、養的雞鴨、喝鄰居種的茶、醃的小菜，何須使用食品添加物？對他們來說這是自然而然的，因為環境周遭根本不存在。相對的，現代的都市人，吃的、喝的、看的、聽的、聞的、從市場到百貨公司、大小賣場、便利商店、雜貨店到到處可見的廣告，添加物食品已經充斥在生活之中，要完全避免，真的不太容易。

就我實際營運餐廳來說，我也是透過一步步的努力才接近無添加物的境界。但是仍無法百分之百的禁絕添加物，像是起司、鮮奶油等，基於保存運送等理由必須使用添加物，所以可以說市面上幾乎極少無添加物的產品。我的作法就是找出最少添加物的商品，如果有添加物，那麼這成分是主成分還是少量添加？是萃取自天然還是完全化學合成？是否為必要成分？這些都是我評斷的依據。至於店裡的麵包、烘培點心、香草、果凍、優格、各類調味醬、油炸粉等都因為避免添加物的因素，陸續都改由自己手工製作。所以，最能避免添加物的作法，就是回歸自家廚房，親手做料理。

如何實踐「無添加物」料理廚房？

　　我在推行無添加物想法的過程中，發現許多家庭主婦也希望能在自家廚房落實無添加物飲食的概念，這些重視家人食物安全營養的主婦，通常都會選擇為自己家人儘量在家料理。

　　依據經驗，我發現調味料是「無添加物廚房」首要的關鍵。因為家庭主婦去市場買菜，一般看得到完整形體的食材並不太會有添加物，像是雞、鴨、魚、水果、蔬菜等，最多的化學添加物問題會出現在醬類、粉狀物等經過加工過的食品，像是醬油、辣椒醬、果醬、雞湯粉、高湯塊、咖哩塊、麵粉、胡椒粉等，市面上的這些商品，幾乎都避免不了吃入添加物的機會。因此在我最早創業的藍圖中就是希望藉由推出無添加物的醬類產品，提供更多無添加物調味料的選擇。經過了這幾年的料理實作及累積，現在則是希望藉由這本書傳達食材挑選的原則、如何自己做醬料並延伸到日常餐桌上的家庭味食譜，讓無添加物的飲食概念普及到每個家庭。

　　另外，我認為任何健康的飲食一定要好吃，能讓家人非常愉悅的接受這才是一個健康飲食的前提。因為我相信在好的用餐環境及令人愉悅的美食下，身體機能才容易做最佳的發揮。

　　同時如果食物不好吃，要向家裡成員，尤其是小朋友，推行健康飲食的想法必定更困難了。而醬料是最好的調味利器，不管燉飯、炒麵、燉煮海鮮肉類、沙拉醬汁，都可以藉由醬料將世界各地的風味端上桌。這也是我在推廣無添加物理念時，以製作無添加物醬類產品開始的原因。而本書也大篇幅介紹一般家庭好用和常用的醬料製作與調配。

　　所以，好的無添加物料理廚房應該要具備的兩大準則就是天然及美味。而要實踐或許就應該先準備及預備學習的：

1.愛家人的心

　　毫無疑問，這一定是最大的動機。

2.手作料理

　　以實務面來說，透過手作才能確認料理從食材選擇、採摘、保存、清洗、處理、烹煮每個步驟都確保避免添加物。同時手作是很神奇的，透過親手作出來的料理會發出神奇的能量及溫度，如果經常烹飪，慢慢駕馭手

作後，你可能也會有這樣的發現，本書PART2的食譜會是最好的練習。

3. 食材挑選

食材挑選會是很重要的環節，因為項目很多，而且都需要自己去作判斷，所以我列出以下幾點原則性的建議，針對特定的食材會在後續的食譜一一提及。

● 內容物中不應該有不認識的食材

選購貨架上的商品一定要關心食品的標示，尤其是內容物，當然可以的話儘量要選擇食材都看得懂的，如果有××劑，○○料或化學元素等的字眼就儘量避免購買使用。

● 儘量選擇在地及當季新鮮食物

購買當地的食材可以減少運送儲放腐壞的風險，當季食材一般來說可以長得比較好，較少病蟲害問題，因此農藥問題也比較少。

● 考慮購買有機或清真認證或健康相關標章的食物

不過要說明一下這些認證並不表示是無添加物的，而是指原料的來源及製造過程都經過一定的把關，所以相對而言是比較可靠的。但是如果以無添加為目標來看，還是要注意內容物的成分避免添加物。

● 價格一定要合理

如 果沒有理由的價格太低，這東西就算沒添加物，也說不定已被摻水稀釋過。

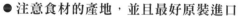

● 注意食材的產地，並且最好原裝進口

像是橄欖油是地中海沿岸為主的區域生產的；椰子油東南亞生產的居多，如果在不適宜的地方生產就值得懷疑。

另外一個重點則是：是否為原裝進口？如果來台灣再經過分裝，很容易被摻雜其他的物質，尤其是液體或粉狀物，很難分辨出真假。還有，分裝時會破壞原來的包裝，也就有多一層的機會感染到微生物，產生衛生上的疑慮。

● 認識種植者、生產者

現在網路環境時常可以看到許

多農產品養殖種植者及產品的生產者，如果可以的話，去跟他們接觸，甚至有機會的話去看看他們養殖生產的過程。真正用更多心力的生產者通常很歡迎消費者去了解他們的用心，而且避掉中間商直接讓生產者拿到該有的報酬。自己去看，去了解，吃的自然放心。

● **合理的顏色、口感、味道做判斷**

過於鮮艷的食物蔬菜，放了幾天沒壞，通常都是泡過藥水；口感硬脆的魚丸如果沒有經過古法手工捶打，可能就是加硼砂類的添加物；幾年前的高價麵包事件，極不自然的香味，明顯的說明加入了多量的化學香料。

● **食安經驗做判斷經歷**

大家可以上網找尋以往台灣曾發生過的食品安全事件，這些案例都是挑選食品很重要的參考依據，像是曾發生過的養殖海產添加抗生素、土虱魚餵食實驗用老鼠、豆類製品浸泡工業用染劑、進口飼料奶粉充當食用奶粉、油類產品混和假油或非食用油等。這些事件都在在提醒我們要培養挑選和判斷的能力。

● **食的教育**

以上都是防範面的，而這項是正面積極的，就是我們應該更瞭解我們的農牧產品、農牧環境、農牧方法、甚至關心這塊土地，關心從事這些工作的這群人，除了能更了解什麼是好的食材，同時面對眼前一口口的料理，也心懷更多的感謝。

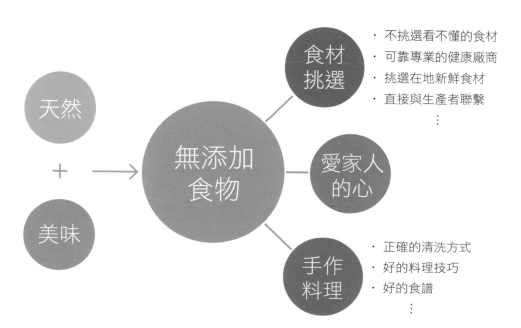

如果真食代表的是健康，那麼手作就是找回家族飲食記憶的 DNA。

回歸真食手作

　　記得我大概五六歲的時候，因為我的阿嬤一個人在雲林，因此還沒上小學的我就被安排獨自離開台北到鄉下去陪他。遠離我的父母姊弟而且跟老人家相處，因為想家所以是我童年一段很不快樂的時光。雖然如此，我卻記得阿嬤每次帶著我一起醃菜、燻肉、醃製醬瓜、漬水果、釀酒的片段。現在回想起來或許我對醬類有特別的偏好及能力就是那時潛移默化的影響。結婚以後，每逢過年過節我都會好好的準備幾十道菜，其中的幾道菜一定會出現記憶中的菜譜，就像我的父母往年為我們子女做的一樣，這就是家族吃的傳承，一個專屬於自己家族的顯性 DNA。放大來看，當元宵節不吃湯圓、端午節沒有粽子、中秋節看不到月餅時，這個民族會不會像是少了一部分的靈魂？所以吃在文化的影響是非常大的，不管放在個人還是一個民族上。

　　因此，希望藉由手作找回那個看不見的聯繫，如果真食代表的是健康，那麼手作就是那個聯繫、那個DNA。兩者都是看不到卻又何等的重要。希望「真食手作」可以在越來越多的家庭生根茁壯。

PART

1

親手做醬料，避免添加物

調味料是日常廚房不可或缺的關鍵，而化學添加物的問題常會出現在醬類、粉狀物等經過加工過的調味品，像是醬油、辣椒醬、雞湯粉等，除了慎選之外，最好能自己手作醬料，如沙茶醬、美乃滋、泡菜等取代市售或現成的產品。從選擇天然的食材到親手製作，儘可能避免吃進添加物的機會。

35款自家製醬料

醬料是料理的靈魂，一瓶無添加物的醬料搭配新鮮的食材，這道料理就已經成功了一半。天然醬料的取材不外乎是蔬菜、水果，搭配香草、香料（純植物磨成的粉的香料）、油、鹽，糖組合與調製而成。將做好的醬料冷藏或冷凍保存起來，做為調味料、沾醬、淋醬或沙拉醬，都非常方便。

[泰式、韓式醬料]
泡菜

韓式泡菜的配料真的很多，但是真的值得自己手作，非常的美味，冬天大白菜的產季可做上一批冷凍，當作火鍋湯底使用。

材料（220ml）

山東大白菜…1顆、紅蘿蔔…1/2根、韭菜…100g、A（洋蔥…1顆、蘋果…1顆、辣椒…100g、大蒜…10顆、蝦米…10g、薑…30g）、韓式魚露…100ml、蜂蜜…100ml、韓式辣椒粉…200g、海帶…1片、小魚乾…30g、水…700ml、太白粉…3大匙、鹽（醃製用）…2包

用途＆保存

★ 適用於小菜、火鍋、炒菜、炒海鮮、炒肉片。

★ 冷藏保存1星期；如果過酸的話可以放入冷凍，作為火鍋湯底。

作法

❶ 大白菜洗淨、紅蘿蔔洗淨切絲、韭菜洗淨切段；蘋果去皮、洋蔥切塊、辣椒去蒂頭切塊、薑切片備用。

❷ 將大白菜一片一片塗上鹽，放入水裏，用重物壓約3小時後，放水不斷沖洗大白菜，將鹽洗淨備用，嚐嚐看是否已將鹹味完全洗掉並擰乾，大白菜切段備用。

❸ 將紅蘿蔔和韭菜放上鹽30分鐘，洗淨鹽味備用。

❹ 將海帶和小魚乾放入裝有700 ml水的鍋中大火煮滾，轉小火熬煮20分鐘，取出海帶和小魚備用，慢慢撒入太白粉混和，熄火。

❺ 將高湯、海帶、小魚乾，和A打成泥，並加入韓式魚露、蜂蜜混和。

❻ 在❺放入切段的大白菜、紅蘿蔔、韭菜裝罐密封靜置常溫一晚發酵，隔天即可開瓶享用。如果發酵不夠，可常溫再多放一天，再放入冰箱冷藏。

[泰式、韓式醬料]
泰式綠咖哩醬

市面上的泰式綠咖哩大多含有許多添加物，然而泰式香料如馬蜂橙等已比較容易取得或是自己栽種，自製並不難。

材料（220ml）

薑黃…10g、薑…10g、綠辣椒…15條、香茅根…1條、香菜…3株、大蒜…5顆、馬蜂橙（萊姆葉）…1片、椰糖…100ml、魚露…10ml、椰子油…100ml

作法

❶ 將薑黃、薑、綠辣椒和香茅根洗淨；薑黃、薑、綠辣椒切段備用。

❷ 將薑黃、薑、綠辣椒、大蒜、香茅根及香菜（整株）個別放入調理機打成泥備用。

❸ 取一鍋，放入椰子油，放入薑黃泥、薑泥、大蒜泥拌炒，再依序加入綠辣椒泥、香茅根及香菜（整株）等熬煮，加入馬蜂橙、魚露、椰糖拌勻，熬煮到食材變軟混和即完成。

用途＆保存

★ 適用於炒肉類、海鮮、涼拌菜。

★ 冷藏保存5天，冷凍5個月。

[泰式、韓式醬料]
泰式紅咖哩醬

泰式紅咖哩很適合做椒麻雞或新加坡辣炒螃蟹等料理，如果偏愛辣，紅辣椒則可以不用去籽。

材料（220ml）
薑黃…10g、薑…10g、紅辣椒…15條、香茅根…1條、大蒜…5顆、馬蜂橙（萊姆葉）…1片、椰子油…100ml、魚露…10ml、檸檬…1顆

作法
❶ 檸檬榨汁；薑黃、薑、紅辣椒、香茅根洗淨；薑黃、薑、紅辣椒切段、大蒜切片備用。
❷ 薑、紅辣椒、大蒜、薑黃個別放入調理機打成泥備用。
❸ 取一鍋，放入椰子油，放入薑黃泥、薑泥、大蒜泥拌炒，再依序加入紅辣椒、香茅根等熬煮，加入馬蜂橙、魚露、檸檬汁拌勻，熬煮到食材變軟，完全混和即完成。

用途＆保存
★ 適用於炒肉類、海鮮、涼拌菜。
★ 冷藏保存5天。

[泰式、韓式醬料]
泰式檸檬醬

泰式檸檬醬用了大量的檸檬製作，適合用在各式泰式涼拌料理，例如，青木瓜絲、涼拌海鮮等菜色。

材料（220ml）
紅辣椒…1條、大蒜…6顆、魚露…50ml、檸檬…6顆、椰糖或紅糖…100g

★ 辣椒可自行調整，如果怕辣的話，放1/3條即可。
★ 請勿用白醋取代檸檬，風味完全不同。

作法
❶ 辣椒洗淨、切碎；檸檬榨汁；大蒜切碎。
❷ 在檸檬汁中調入大蒜、紅辣椒、魚露、椰糖混和。如果椰糖不容易融化，可以與部分的檸檬汁混和放入微波1分鐘，再與其他食材混和即完成。

用途＆保存
★ 適用於泰式炒肉類、海鮮、炒麵和飯、涼拌菜。
★ 冷藏保存7天。

[西式醬料]
青醬

青醬使用甜羅勒為原料，台灣已有培育甜羅勒的農場，也可以用九層塔取代。甜羅勒製作出來的青醬香氣比較清香甘甜；九層塔香氣則較野。

材料（220ml）
甜羅勒…100g、橄欖油…150ml、松子…25g、蒜泥…1小匙、黑胡椒…1小匙、鹽…1小匙

作法
❶ 將甜羅勒洗淨去梗，松子烤箱220度2分鐘取出。
❷ 將橄欖油、甜羅勒的葉子、松子、蒜泥、黑胡椒、鹽打碎放入調理機中攪拌均勻，再裝罐即完成。

用途＆保存
★ 適用於義大利麵、炒飯、沙拉醬、抹醬。
★ 冷藏保存3星期；冷凍6個月。

[西式醬料] 紅醬

番茄做成的紅醬在西式料理中是很重要的基底，西式料理只要加上紅醬，再用香草或是蔬菜調味，即使是簡單的料理也能展現多層次的風味。

材料（220ml）

番茄⋯2顆、紅椒⋯1顆、洋蔥⋯1/4顆、大蒜⋯1顆、紅酒⋯20ml、月桂葉⋯1片、新鮮或乾燥綜合香草⋯少許、橄欖油⋯2大匙、鹽⋯2小匙

 ★ 綜合香草指的是百里香、迷迭香、奧瑞岡等，市面上有販售已混和好的綜合香草。

作法

❶ 番茄、紅椒洗淨、切1/4塊，放在烤盤上，200度烤約8分鐘後打成泥；洋蔥切丁、大蒜切片打成泥。

❷ 取一鍋熱油，放入洋蔥泥、大蒜泥拌炒，加入紅酒炒出香氣，放入混和好的番茄紅椒泥，小火稍作收乾，放入月桂葉、綜合香草和鹽調味即完成。

用途＆保存

★ 適用於義大利麵、西式燉煮、燉飯、抹醬、沾醬。

★ 冷藏保存5天。

[西式醬料] 紅椒醬

紅椒（甜椒）經過烘烤過後會呈現不同的香氣，適合當作三明治的抹醬或是西式燉煮的醬料。

材料（220ml）

紅椒⋯2顆、大蒜⋯2顆、香菜⋯50g、檸檬⋯1顆、油⋯50ml、鹽⋯1小匙、

作法

❶ 紅椒洗淨、切1/4塊，放在烤盤上，200度烤約8分鐘；檸檬榨汁。

❷ 將紅椒、大蒜、香菜、花生油和檸檬汁放入調理機攪拌，加鹽調味即完成。

用途＆保存

★ 適用於義大利麵、西式燉煮、燉飯、抹醬、沾醬。

★ 冷藏保存5天。

[西式醬料] 黑胡椒醬

利用胡椒的香氣，結合洋蔥、高湯做出稠狀效果，可依自己喜好調整胡椒的分量。

材料（220ml）

洋蔥⋯1顆、大蒜泥⋯1大匙、黑胡椒⋯2大匙、紅酒⋯50ml、蔬菜高湯⋯200ml、橄欖油⋯1大匙、鹽⋯1匙

作法

❶ 將洋蔥切丁備用。

❷ 取一鍋熱油，加入洋蔥炒香，加入蒜泥拌炒。

❸ 加入紅酒觸香，再加入高湯、黑胡椒熬煮稍作收乾。

❹ 加鹽調味即完成。

用途＆保存

★ 適用於炒豬肉片、牛排佐醬。

★ 冷藏保存5天；冷凍3個月。

[西式醬料]
番茄醬

番茄醬是家家必備的醬料，這道番茄醬食譜加了肉桂，成品較接近美式風味。

材料（220ml）
番茄…3顆、洋蔥…1/4顆、大蒜…2顆、肉桂…少許、蜂蜜…2大匙、蘋果醋…1大匙、油…1大匙、鹽…2小匙

作法
❶ 番茄洗淨，切1/4塊，放入烤盤上，200度烤約8分鐘後，打成泥備用，洋蔥切丁，大蒜切片打成泥備用。
❷ 取一鍋熱油，放入洋蔥泥、大蒜泥拌炒，放入番茄混和，小火稍作收乾，放入蘋果醋，蜂蜜，肉桂和鹽調味即可裝罐。

用途＆保存
★ 西式燉煮，抹醬，沾醬使用。
★ 冷藏保存5-7天。

[台式醬料]
蒜泥醬

台式蒜泥醬除了用在蒜泥白肉上，拌麵或作為沾醬都很適合，材料中的高湯可以讓醬料的口感更順。

材料（220ml）
蒜泥…2大匙、醬油…1大匙、烏醋…1大匙、高湯…50ml、糖…2大匙、香油…少許

作法
❶ 取一碗，將蒜泥，醬油、烏醋、糖，高湯混和，加入香油即完成。

用途＆保存
★ 適用於沾醬、拌麵、炒菜。
★ 冷藏保存2天。

[台式醬料]
蚵仔煎醬
（海山醬）

市面上的海山醬大多加入香料、增稠劑、防腐劑等添加物，其實用自製的番茄醬、辣椒醬等醬料，再加以混和熬煮即可簡單完成。

材料（220ml）
在來米粉…2大匙、番茄醬…2大匙、辣椒醬…1大匙、味噌…1大匙、醬油…1大匙、砂糖…1大匙、水…300ml、鹽…1小匙

作法
❶ 取一鍋放入水、在來米粉、番茄醬、辣椒醬、味噌、醬油、砂糖熬煮混合，轉小火，加入鹽即完成。

用途＆保存
★ 適用於蚵仔煎和蝦仔煎沾醬。
★ 冷藏保存3-5天。

[台式醬料]
美乃滋

美乃滋的製作祕訣在於蛋和油混和的速度要慢，避免油和蛋液分離，打不出稠狀的效果。

材料（220ml）
蛋黃…2顆、油…200ml、檸檬…1顆、鹽…1匙、糖…1大匙

作法
❶ 檸檬榨汁；將蛋黃放入打蛋器中打到發白，慢慢加入油，每次約加入10ml，待油和蛋充分混和，再次倒入油，重複上述的動作。
❷ 油脂倒完後，加入檸檬汁和糖，持續使用打蛋器打發，最後加入鹽混和即可。

用途＆保存
★ 適用於抹醬、涼拌、沾醬。
★ 冷藏保存5天。

[台式醬料]
五味醬

五味醬一般使用的是醬油膏，但醬油膏的添加物較難避免，因此改用無添加醬油製作。

材料（220ml）
蔥末…1大匙、薑泥…2大匙、蒜泥…2大匙、A（辣椒末…1條的分量、番茄醬…100ml、醬油…1大匙、烏醋…1大匙、糖…2大匙）、香油…少許

作法
❶ 取一碗，將蔥、薑、蒜泥全部混和，放入A攪拌均勻，加入香油即完成。

用途＆保存
★ 適用於涼拌、沾醬、涼麵，特別適用於海鮮沾醬使用。
★ 冷藏保存3-5天。

[中式醬料]
甜麵醬

市面上的甜麵醬需要經過發酵過程、且作法繁雜，主要是將麵粉和成麵團後蒸熟，接種米麴黴，發酵20天左右；加上鹽水發酵成熟。原料澱粉被微生物水解成糖類，成為甜麵醬的甜味。這裡則提供簡易版的作法。

材料（220ml）
A（醬油…200ml、高湯…100ml、糖…50ml、酒…2大匙、蔥…1支、陳皮…少許、花椒…少許、八角…少許、薑…1片）、麵粉…50g

作法
❶ 取一鍋，開小火將A煮沸攪拌，小火燉煮約10分鐘，收乾至差不多時，加入麵粉混和到糊狀，待冷卻後冷藏。

用途＆保存
★ 適用於中式菜色、北京烤鴨等。
★ 冷藏保存5天。

[中式醬料]
辣椒醬

辣椒醬的材料其實很簡單，只要注意醬油和油的品質即可。如果怕太辣則辣椒可以去籽，可以減低不少辣度。

材料（220ml）
紅辣椒…200g、蒜泥…2大匙、醬油…1大匙、糖…1大匙、鹽…1小匙、油…100ml

作法
❶ 將辣椒洗淨，去蒂頭切段放入調理機打成辣椒泥備用。
❷ 取一鍋放入油，蒜泥炒香，放入辣椒泥拌炒，轉小火加入醬油、糖、鹽調味即可。

用途&保存
★ 適用於沾醬、拌麵、炒菜。
★ 冷藏保存3-5天。

[中式醬料]
珠蔥醬

珠蔥即為紅蔥頭長出來的蔥，將紅蔥頭插入土內約1個月即可收成，可以拿來炒菜，多餘的珠蔥則可做成醬料。

材料（220ml）
珠蔥…100g、橄欖油…100ml、蒜泥…1小匙、鹽…1小匙

作法
❶ 將珠蔥洗淨、去根備用。
❷ 將橄欖油、蒜泥、鹽放入調理機打碎混和即完成。

用途&保存
★ 適用於乾麵、炒飯、抹醬。
★ 冷藏保存3-5天；冷凍6個月。

[中式醬料]
糖醋醬

糖醋醬是很好用的醬料，適用於多種中式菜色，這食譜特別加入高湯讓味道更順口，不至於過鹹。

材料（220ml）
洋蔥…1/2顆、大蒜…5顆、紅辣椒…3條、A（番茄醬…2大匙、醬油…1大匙、烏醋…1大匙、高湯…100ml）、糖…1大匙、鹽…1小匙、香油…少許、太白粉…1大匙、油…2大匙

作法
❶ 洋蔥、大蒜、辣椒切丁；太白粉加入水中拌勻備用。
❷ 取一鍋熱油，放入洋蔥、大蒜、辣椒拌炒，放入A，加入糖、鹽、香油、太白粉收乾即可。

用途&保存
★ 適用於糖醋魚、蝦、肉類。
★ 冷藏保存3-5天。

[中式醬料]
豆瓣醬

如果要從頭製作豆瓣，需要花費很長的時間，簡易的作法是使用有機味噌來製作，可縮短製作時間。

材料（220ml）
紅辣椒…10條、大蒜…1大匙、A（味噌…150ml、米酒…1大匙、醬油…1小匙、糖…1大匙）、鹽…少許、油…2大匙

★ 如需稠狀，可加入太白粉打稠。
★ 味噌本來就有鹹度，加鹽時要先嚐一下味道，以免過鹹。
★ 偏愛辣的話，辣椒可以不用去籽。

作法
❶ 將辣椒去籽打成泥備用。
❷ 取出一鍋熱油，放入大蒜、紅辣椒泥炒香，轉小火，將A依序放入，最後加鹽調味即完成。

用途＆保存
★ 適適用於炒豬肉片、麻婆豆腐和蔬菜等中式菜色。
★ 不可常溫保存，冷藏保存1個月；冷凍6個月。

[中式醬料]
沙茶醬

沙茶醬是利用海鮮和蔬果乾燥成的乾物炒香熬煮而成。部分商家在烘乾時會用到二氧化硫物增色或添加甲醇防止發霉。手作的話可以將稠化物、味精等先過濾掉。

材料（220ml）
A（金鉤蝦…2大匙、小魚干…2大匙、魷魚乾…2大匙、扁魚…2大匙、白芝麻…2大匙、油蔥酥…2大匙）、乾香菇…2大匙、蒜末…2大匙、花生醬…2大匙、米酒…1大匙、醬油…1小匙、椰子油或沙拉油…約150ml、鹽…1小匙

作法
❶ 將A用調理機打成粉狀備用。
❷ 取一鍋熱油，將❶和蒜末炒香，加入米酒、醬油和鹽調味，收乾即完成。

用途＆保存
★ 適用於火鍋沾醬、炒豬肉片和蔬菜。
★ 不可常溫儲存，冷藏保存1個月；冷凍6個月。

[日式醬料]
照燒醬

照燒醬是日本料理常用的醬料之一，適合用來烹煮肉類。做好這款醬料後，可當作是日式燒肉醬的基本底款，一舉數得。

材料（220ml）
雞骨…1斤、柴魚…1把、海帶…50g、水…1公升、A（醬油…2大匙、糖…2大匙、鹽…1小匙、蜂蜜…3大匙、味醂…2大匙）、太白粉…1大匙

作法
❶ 將雞骨放入烤箱200度約15分鐘，烤上色。
❷ 取一鍋，放入雞骨、柴魚、海帶、水熬煮，大火煮滾，轉小火熬煮約30分鐘。
❸ 過濾掉雞骨、柴魚、海帶，剩下的湯加入A熬煮，再放入太白粉收乾即可。

用途＆保存
★ 糖醋魚，蝦，肉類用醬。
★ 冷藏保存5天。

[日式醬料]
日式咖哩醬

製作咖哩醬需要準備許多香料，但只要一次備足，大量製作，再分裝、冷凍保存，非常方便。

材料（110ml）
A（薑黃粉…30g、白胡椒…3g、小豆蔻粉…3g、芫荽粉…5g、孜然粉…3g、肉桂粉…3g、肉豆寇粉…1茶匙、辣椒粉…2大匙、蘋果泥…2顆、蜂蜜…100m、八角…2顆、丁香…1茶匙、小荳蔻粉…1g、芫荽粉…1g、孜然粉…1g、肉桂粉…1g、蒜泥…3大匙、可可粉…2大匙、番茄醬…100ml、花生醬…2大匙、月桂葉…1片）、鹽…2大匙、麵粉…100g、油…100ml、太白粉…50g

作法
❶ 取一鍋，開小火放入油，拌炒A混和。
❷ 加入鹽和麵粉收乾調味即完成。

用途&保存
★ 適用於烹煮肉類、海鮮、炒菜，加入椰奶或牛奶會有不同的風味。
★ 冷凍保存1個月。

[日式醬料]
日式燒肉醬

適合與肉類搭配的醬料，尤其是烤肉。可以先行製作材料中的照燒醬，再加工成為日式燒肉醬。

材料（220ml）
蔥…1支、大蒜…3顆、薑片…3片、乾辣椒…1條、米酒…50ml、高湯…300ml、味醂…1大匙、蜂蜜…2大匙、鹽…1小匙、太白粉…1大匙、柴魚…少、醬油…50ml

作法
❶ 將蔥和蒜切丁備用。
❷ 取一鍋放入蔥、大蒜、乾辣椒、照燒醬、米酒、高湯煮滾。
❸ 轉小火，放入味醂、蜂蜜、鹽、太白粉加水倒入收乾即完成。

用途&保存
★ 適用於魚、蝦、肉類。
★ 冷藏3-5天；冷凍6個月。

[果醬]
玫瑰花瓣醬

花市的玫瑰花通常為了產量，會大量噴灑農藥，因此做這道醬料時一定要選擇有機玫瑰作為材料。

材料（220ml）
有機玫瑰花瓣…200g、白砂糖…200g、檸檬…1顆、水…200ml

 ★ 玫瑰花的湯汁不可倒掉，煮出來的玫瑰花會沒顏色。

作法
❶ 檸檬榨汁；將玫瑰洗淨備用。
❷ 取一鍋放入水和玫瑰花瓣熬煮，煮熟後取出玫瑰花與湯汁打成泥備用。
❸ 取一鍋放入白砂糖熬煮，將糖煮至焦糖化後，放入1攪拌均勻收乾，放入檸檬汁即完成。

用途&保存
★ 可用於製成沙拉醬（橄欖油＋玫瑰花瓣醬＋鹽）、抹醬或加入優格、牛奶。
★ 冷藏保存3-5天。

[果醬]
檸檬果醬／
柚子果醬

檸檬和柚子果醬會使用到果皮，所以需要使用有機檸檬和有機柚子製作，皮一定要去除苦味，果醬才會酸甜美味

材料（220ml）

檸檬…3顆／柚子…1顆、白砂糖…150g

★ 焦糖要留意煮過頭，以免煮出來的果醬呈現苦味。

作法

❶ 檸檬或柚子洗淨刨出皮，如柚子請取果肉備用／檸檬榨汁備用。

❷ 取一鍋水放入檸檬皮熬煮約30分鐘後，如果是柚子果醬，要煮到皮不苦為止，取出皮倒掉水，洗淨皮、切絲備用。

❸ 取一鍋放入白砂糖熬煮，將糖煮至焦糖化後，放入檸檬汁、檸檬皮或柚子果肉和皮攪拌均勻收乾即完成。

用途＆保存

★ 可用於製成沙拉醬（橄欖油：果醬＝1：1，加入鹽混和）、抹醬、加入優格或泡茶

★ 冷藏保存3-5天。

[果醬]
黃檸檬果醬

有機黃檸檬較不普遍，目前台灣已有培育黃檸檬樹，一般在有機商店或小農市集買得到。

材料（220ml）

黃檸檬…3顆、蘋果…1顆、二砂糖…100g、水…50ml

作法

❶ 蘋果去皮切丁泡水；黃檸檬取皮，擠出黃檸檬汁備用。

❷ 取一鍋水放入檸檬皮熬煮約30分鐘後，取出皮倒掉水，洗淨皮、切絲備用。

❸ 取一鍋，放入二砂糖、水和蘋果熬煮，煮到蘋果熟透，轉中火，放入黃檸檬絲、黃檸檬汁收乾即完成。

用途＆保存

★ 可用於製成沙拉醬（橄欖油：果醬＝1：1，加入鹽混和）、抹醬或加入優格、牛奶。

★ 冷藏保存3-5天。

[果醬]
柳橙果醬

柳橙果醬常出現在中式菜色，如橙汁排骨等。在熬煮果醬中時，可以加入太白粉打稠，入菜時會更有光澤。

材料（220ml）

柳橙…3顆、檸檬…1顆、二砂糖…100g、太白粉…1小匙、水…50ml

作法

❶ 柳橙洗淨、刨皮；檸檬榨汁；太白粉加水攪拌均勻備用。

❷ 取一鍋水放入柳橙皮熬煮約30分鐘後，取出皮倒掉水，洗淨皮、切絲備用。

❸ 取另一鍋放入二砂糖和水煮至焦糖化後，放入檸檬汁、柳橙皮絲攪拌均勻，轉小火，放入太白粉水攪拌均勻收乾即完成。

用途＆保存

★ 可用於製成沙拉醬（橄欖油：果醬＝1：1，加入鹽混和）、抹醬或加入優格、牛奶；中式菜色如柳橙排骨、柳橙鴨胸都可使用。

★ 冷藏保存3-5天。

[果醬]
糖漬柳橙片

柳橙產季很適合拿來醃製，冷藏保存，單純的柳橙和糖就可以是美味的醃漬品。

材料（220ml）
A（柳橙…2顆、水…500ml）、白砂糖…200g、香草精…20ml、水…200ml

★ 香草精可加可不加。

作法
❶ 將A的柳橙切片，加水用大火煮滾，轉小水煮30分鐘，倒掉鍋內的水，取出柳橙片稍作清洗備用。
❷ 取一鍋開大火，放入柳橙片、白砂糖、水煮滾，煮到糖融化後轉小火，放入香草精稍作收乾即完成。

用途＆保存
★ 適用於甜點、紅茶、沙拉。
★ 冷藏保存1星期。

[果醬]
花生醬

花生因有黃麴毒素的問題，因此選購時要特別留意，市面上已有有機及品質穩定的花生可以選購。

材料（200ml）
生花生… 200g、鹽…1小匙、糖…20g

★ 在攪打花生時，會有油脂出現，因此不加入油也可以。

作法
❶ 將生花生炒過備用。
❷ 將花生、鹽、糖放入調理機攪中打成泥即完成。

用途＆保存
★ 適用於甜點、抹醬、拌麵。
★ 冷溫保存5天。

[果醬]
花生芝麻醬

同花生醬，應留意花生的選購來源。

材料（200ml）
生花生…150g、黑芝麻…50g、鹽…1小匙、糖…30g

★ 在攪打花生和芝麻時，會有油脂出現，因此不加入油也可以。

作法
❶ 將生花生和黑芝麻炒過備用。
❷ 將花生、黑芝麻、鹽、糖放入調理機攪打成泥即完成。

用途＆保存
★ 適用於甜點、抹醬、拌麵、涼拌菜。
★ 冷藏保存5天。

[其他調味品]
高湯

製作無添加物料理，若不使用任何味精、雞湯塊等，還能讓菜餚鮮甜的方法，就是用高湯來取代。煮一鍋後，分裝冷凍保存，非常好用。

材料（220ml）
雞骨架…2斤、蔥…1支、薑片…5片、蘋果…2顆、水…2000ml

作法
❶ 蘋果去皮備用。
❷ 將雞骨架，放入蔥、薑汆燙去血水，取一鍋水，開大火放入雞骨架、蘋果熬煮，水滾後轉小火，熬煮1.5小時即完成。

用途＆保存
★ 適用於炒菜、煮麵等各式菜餚。
★ 冷藏保存3天；冷凍6個月。

[其他調味品]
香草鹽

陽台上種植香草植物，只要定期採收、乾燥，就是好用的調味品。鹹味的料理香草有百里香、迷迭香、奧瑞岡、巴西里等。

材料（220ml）
鹽…200g、乾燥的迷迭香…3g、乾燥的奧瑞岡…3g、乾燥的巴西里…3g、乾燥劑…1包

作法
❶ 將乾燥的香草去枝，留下葉子，再全部混和，用磨碎機磨碎或用刀剁碎備用。
❷ 將磨好的香草和鹽混和裝罐，放入乾燥劑即完成。

用途＆保存
★ 適用於肉類調味醃製、撒在荷包蛋、肉類、炸物。
★ 常溫保存3個月。

[其他調味品]
薄荷綜合
香草糖

香草糖的風味獨特，適合加入咖啡、茶，製作甜點使用，也與一般呈現的香氣不同。

材料（220ml）
白砂糖…200g、乾燥的薄荷…3g、乾燥的薰衣草…3g、乾燥香蜂草…3g、乾燥劑…1包

作法
❶ 將乾燥的香草去枝，留下葉子，再全部混和，磨碎機磨碎備用。
❷ 將磨好的香草和糖混和裝罐，放入乾燥劑即完成。

用途＆保存
★ 適用於加入咖啡、茶，或製作甜點。
★ 常溫保存3個月。

[其他調味品]
香草精

做烘焙時，香草精除了提供香草味道之外，還有提升甜點風味，和「去腥」的功用。

材料（150ml）
香草莢⋯3根、伏特加 Vodka⋯150ml

作法
❶ 將瓶子洗淨，用熱水燙過備用。
❷ 將香草莢和伏特加放入瓶子裡，酒裝滿封罐，兩星期後即可開瓶使用。

用途&保存
★ 適用於咖啡、茶、甜點。
★ 不進水，常溫保存1年。

[無添加派皮、麵包粉]
派皮

市面上部分大量生產的奶油為業者收購乳源添加香精和乳化等添加物而來。這裡則將奶油換成椰子油來製作。

材料（可做10吋／2個）
中筋麵粉⋯350g、糖⋯1大匙、椰子油⋯200ml、冰水⋯4大匙、鹽⋯1小匙

作法
❶ 冷藏椰子油，呈現凍狀後取出備用。
❷ 將麵粉和椰子油用手混和，不可過度搓揉。完全混和之後，加入牛奶，放入糖和鹽慢慢將麵團混和，放入冷凍1小時。
❸ 冷藏後取出，放些麵粉在檯面上，取出桿好皮，放入派皮模具，中間拿叉子搓洞，放上壓派石，預熱烤箱200度，放入烤箱烤20分鐘，直到派皮呈現白色即可。

用途&保存
★ 適用於甜點、鹹派。

[無添加派皮、麵包粉]
麵包粉

市面上的麵包粉有些含有幫助食物酥脆的添加物，除了下述的食譜之外，家中如有吃不完的麵包，也可以烤酥後打成麵包粉使用。

材料（220ml）
中筋麵粉⋯700g、溫水⋯40ml、酵母⋯7g、鹽⋯2小匙

作法
❶ 將所有材料混和，用麵團機打5分鐘，發酵2小時。
❷ 稍整形麵團，切割成2個麵團，等待2次發酵30分鐘。
❸ 烤箱預熱200度10分鐘，放入烤箱烤40-50分鐘，麵包熟透放冷，用調理機打成粉狀即可。

用途&保存
★ 麵包打成粉，當作炸物裹粉的麵包粉使用。
★ 冷凍保存2星期。

現成調味料和食材的選購方式

市售的醬料及原料就需要好好的挑選，首先應該要仔細看標籤做篩選，此外一些有機認證的醬料也可以考量，不過要先說明的是這些認證基本上是接受添加物的，但是原料來源及品質相對於市場上其他添加物商品還是較可以放心的。其他像是廠商商譽、出產地、過去食安經驗等都可以納入通盤考量。

醬油

醬油是中式料理必備的醬料，之前要找無添加物醬油可能都要特別去雲林西螺的純釀醬油聚落尋找，但很棒的是這一兩年已有大廠開始製造無添加醬油，一般賣場也有販售，而且價格並不算高。 相信之後會越來越多無添加醬油可以選擇。

胡椒粉、香料粉

面對粉狀的調味品時，因為真的不容易辨認。所以可以的話最好是買看得出原來形體的回家自己磨，像是能直接買胡椒粒就个要買胡椒粉；如果有種植迷迭香就直接摘迷迭香來調味。如果真的要買就買原產地而且要原裝進口的，最好要有認證。

太白粉

太白粉在烹調中通常用在勾芡，目前市場上都是用馬鈴薯或樹薯作為原料。目前在有機賣場已經找的到有機認證的太白粉。近期還有恢復耕作古早時期的太白粉原料葛鬱金(粉薯)，在一些健康通路都買的到。

糖

符合無添加要求的可以考慮手工黑糖或紅糖，有時可以用蜂蜜替代，但是甜度稍差。不過，有許多烘焙點心，如果使用黑糖取代砂糖味道是完全不同的，所以仍可以使用砂糖。但以健康的角度來說，還是建議不要吃過於精製的糖類，黑糖或紅糖是比較好的選擇。

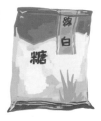

地瓜粉

如果要找真的地瓜製作的，要到有機或健康通路去找。目前市面上的地瓜粉很多還是用樹薯作成的，而且都是很不自然的純白色。

醋

市面上有小廠依循釀造的方法製作無添加物的醋，不過通常規模不大，所以要到一般健康有機通路、小農市集或是販售健康食材的電商平台採購。

鹽

基本上台鹽精鹽就是便宜又好的選擇，另外天然的岩鹽富含礦物質，較貴但是很值得。其他像是美味鹽、低鈉鹽、健康鹽。複方料理鹽等，依無添加的標準就屬不必要了。

醬製品

和粉狀物一樣，醬製品摻入東西是不容易看出來的，而且通常的動機就是節省成本。且從香氣、口味、口感都可以用化學香精、黏稠劑等添加物取代，因此購買時一定要找可靠的商家或是有認證的品牌購買。

麵粉、麵條

一般市面上的麵粉幾乎都有添加物，而且添加的種類不少，所以一般市場上購買的麵包、麵條等同樣有添加物的問題。目前國內一些小廠已有販售無添加的麵粉（直接用小麥磨出來的粉），但是產量仍有限，而且一般來說烘焙的操作性較不佳。有機認證的麵粉市面上則比較普遍，一般有機健康通路都可以買得到，而且相對比較好用。

牛奶

目前我們餐廳使用的是紐西蘭進口的保久乳（保久乳，UHT milk，是以高溫短時間殺菌再無菌密封包裝，所以可以較長時間常溫保存），這是少數可以符合無添加物要求的牛奶。但保久乳因為高溫殺菌所以營養價值相對較低。可以在一般超市找找看。國內近年也出現不少用心經營的牧場，養殖環境、藥劑限制及加工方式都是高標準，建議多了解與比較。

椰奶

在東南亞國家的家庭裡都會刮除椰殼內的白色椰肉，再用布榨出椰肉的汁，這就是純椰奶。椰奶在正常狀態是很難保存的，所以我相信應該是找不到完全無添加物的椰奶產品。目前市面上有有機及清真認證的產品（但還是有添加物），可以在有機店或健康通路找得到。一般來說挑選液體狀的會比濃稠狀的來得好（純手作椰奶並不濃稠）。還有另一個選擇是烘乾的椰奶粉，因為乾燥的比較沒有保存問題，所以添加物會比較少。

泰式魚露

魚露就像是泰國的醬油，傳統的作法是用鯷魚（或稱江仔魚）及鹽混和經過數個月發酵而成。就像醬油一樣，不好的魚露一定會用大量的化學添加物來提味、染色、防腐，泰國製魚露一般都會寫成分的百分比，傳統方式釀製的魚露，魚的成分至少要超過65%。我長期使用的是72%（72%鯷魚、25%鹽、3%糖），在泰國當地曾看過最好到75%的（75%鯷魚、24%鹽、1%糖）。市面上大多50%都不到，這些產品想當然必須用一堆化學添加物來提味。另外通常價格偏低的可能是用雜魚混充的。有些魚露則會標明不含色素、防腐劑、味精等，也可以是選購的依據之一。

香油、麻油

市面上有許多標榜100%的香油或麻油可供挑選。但有些業者會摻入其他油以降低成本卻還是標榜100%，一般不容易辨別。真的麻油或香油氣味是很豐富的，不像摻入化學香料的香油、麻油只有單一的氣味；另外也可以用色澤來判斷，純正的香油呈現的是紅色或紫紅色，摻入色素的話則沒有光澤。

乾貨

乾貨的添加物問題在於使用浸泡漂白及防腐的藥劑，最常聽到的就是二氧化硫，因此在挑選時應該避免購買顏色過於鮮豔或不自然色澤的產品，另外，氣味刺鼻或不是食材該有的自然香氣也不要挑選。同時如果儲放不良，摸起來有潮濕的感覺也不要購買。乾貨要泡發時，建議沖洗後再浸泡到40-50℃的溫水中，比較容易溶出殘餘的添加物或農藥。

PART
2

無添加，
美味不打折

本單元以肉類、海鮮、蔬食等為分類，方便家庭主婦從明白無
添加的概念開始，到調製提升食物風味的步驟，做出一般
餐桌常見的家庭味，如滷肉飯、鳳梨蝦球、東坡肉等。
即使無添加，也能做出色、香、味俱全的佳餚，
一改「健康的食物就不好吃」的迷思。

Recipe

01 咖哩排骨

自家製醬料

日式咖哩→ P.036

無添加 NOTE 　市售的咖哩醬添加物很多，如乳化劑、香精等，其實只要善用天然香料，就可以自己做出美味的咖哩醬，且可以用冷凍製冰盒保存，待需要時取出解凍即可。

材料(2人分)

排骨⋯300g
馬鈴薯⋯1顆
紅蘿蔔⋯半顆
洋蔥⋯1/4顆
大蒜⋯4顆
水⋯蓋滿食材
咖哩醬⋯1大匙
油⋯2大匙
鹽⋯2小匙

準備

馬鈴薯、紅蘿蔔、洋蔥去皮切塊狀備用。

作法

❶ 取一鍋熱油，放入洋蔥，大蒜炒香；再加入紅蘿蔔、馬鈴薯炒香。(a)

❷ 放入排骨，加入水蓋滿食材，大火煮滾，加入咖哩醬(中間要不斷翻動，以免黏鍋。)轉小火慢燉30分鐘即完成。(b)

Point ▼

● 水不宜放太多，煮出來的咖哩會太稀。

● 自製的咖哩味道較重，不需加入太多，即可做出濃郁的咖哩。

a

b

Recipe
02 日式照燒排骨

自家製醬料

照燒醬→ P.035

無添加 NOTE

柴魚的製作方式是經過長時間的燻烤，直到像木頭一樣堅硬，因此烤黑的表皮容易有致癌物。所以料理前可以先把焦黑的部分刮掉，如果有疑慮還是少吃點比較好。

材料(3人分)

排骨…5支
蔥…1支
薑片…6片
大蒜…3-4顆
橄欖油…2大匙
照燒醬…2大匙

A
醬油…200cc
砂糖…100g
白醋…1人匙
高湯…200ml
鹽…1/2小匙
味醂…1大匙

準備

蔥切段。(a)

作法

❶ A混和熬煮。(a)
❷ 取一炒鍋，熱油，放入蔥、薑、蒜，排骨煎到焦黃倒入❶熬煮，加入口式照燒醬，轉小火。(b)
❸ 待排骨變軟收乾即完成。(c)

Point
▼

● 記得將蔥、薑、蒜，墊在陶鍋最下方，不要讓排骨直接接觸陶鍋底，以免燒焦。
● 高湯會平衡醬油的鹹味，讓味道更鮮美。

自家製醬料

柳橙果醬→ P.037

Recipe
03　橙香排骨

無添加 NOTE　部分市售的柳橙果醬，水果比例含量少，且有添加色素、香精的問題，選購時要特別確認成分說明。

材料(2-3人分)

排骨…300g

太白粉…2小匙

柳橙…1顆

洋蔥…1/4顆

大蒜…3顆

油…4大匙

鹽…1小匙

糖…1小匙

調味醬料｜柳橙果醬…3大匙

太白粉…1大匙

高湯…200ml

白醋…1小匙

準備

混和調味醬料；將柳橙去皮切成16塊狀；大蒜切片、洋蔥切丁。

作法

❶ 取一鍋放入油，排骨沾太白粉，稍作油炸至表面上色備用。(a)

❷ 取一炒鍋，熱鍋後下油，加入大蒜、洋蔥稍作拌炒。(b)

❸ 加入炸好的排骨，放入調味醬料，將鹽、糖混和，放入柳橙塊，收乾即完成。(c)

Point

- 排骨只需炸到表面稍上色即可，不宜炸到太乾。
- 柳橙最後再加入，以免過熟散掉。

Recipe
04　日式馬鈴薯燉排骨

自家製醬料

照燒醬→ P.035

無添加 NOTE　市售的日式照燒醬通常添加了色素、稠化劑，還有用來增色的焦糖合成色素，為了避免食用到這些添加物，可以選擇在家手作。

材料(3-4人分)

排骨…600g
大蒜…3-4顆
洋蔥…1/2顆
馬鈴薯…1顆
紅蘿蔔…1/2顆
薑泥…2大匙
油…3大匙
米酒…1大匙
鹽…2小匙

醃料｜ 醬油…1大匙
　　 太白粉…3小匙
　　 香油…少許

調味醬料｜ 照燒醬…3大匙
　　　 味醂…1大匙
　　　 高湯…500ml

準備

排骨用醃料醃製15分鐘；混和醬料；洋蔥、馬鈴薯切塊；紅蘿蔔切丁、大蒜切片。

作法

❶ 取一鍋熱油，放入排骨煎好取出備用。

❷ 放入蒜片、洋蔥炒香，加入馬鈴薯、紅蘿蔔、薑泥稍作拌炒。(a)

❸ 放入排骨，加入米酒拌炒。(b)

❹ 加入調味醬料燉煮30分鐘，直至肉和馬鈴薯變軟爛，加鹽調味即完成。(c)

Point
▼

● 洋蔥要炒到變黃，呈現透明色，將辛香味炒掉才不會出現類似洋蔥辛香味的薑味。

Recipe
05 東坡肉

⬤ **無添加 NOTE**　烹煮東坡肉最大的重點在於選用無添加醬油和無農藥、化學物質殘留的八角和滷包。而東坡肉的風味取決於紹興酒，如果找不到無添加物的八角和滷包也無妨，可以直接省略不用。

材料(5人分)

三層肉…6塊 (5×5cm)
麻繩或棉繩…6條
薑片…50g
蔥段…100g
米酒…少許
大蒜…3-4顆
辣椒…1根
八角…3顆
滷包…1包
橄欖油…2大匙
雞高湯…500 ml

調味醬料
冰糖…100g
醬油…100ml
紹興酒…250g
鹽…少許

作法

❶ 將三層肉綁上棉線或麻繩。

❷ 取一鍋，裝滿水，開火煮滾。放入薑片、蔥、米酒，將❶放入水中汆燙，去血水，撈出備用。(a)

❸ 取一陶鍋放入油，將蔥、薑、蒜炒過，再放入汆燙好的三層肉稍作炒過。(b)

❹ 放入調味醬料拌炒，加入雞高湯、八角、滷包煮滾後轉小火，約3-5分鐘翻動一次三層肉，直到湯汁收乾。大約需燉煮1-1.5小時，確認豬肉呈現軟爛的狀態即完成。(c)

Point

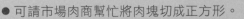

● 可請市場肉商幫忙將肉塊切成正方形。
● 記得將蔥、薑、蒜，墊在陶鍋的最下方，不要讓豬皮直接接觸陶鍋底，避免燒焦。
● 東坡肉主要是靠小火慢慢讓肉質燉到軟爛，因此火候的掌控要仔細觀察。
● 東坡肉綁繩子是為了固定肉的形狀，如未綁繩，煮出來肉就不會有漂亮的正方形出現。

Recipe

06 蒜泥白肉

自家製醬料

台式蒜泥醬→ P.032

無添加 NOTE

這道菜通常會用到醬油膏，部分醬油膏除了是化學醬油的製作方式，並會添加黏稠劑、焦糖色素等來幫助醬油呈現膏狀的效果。所以，還是使用純釀醬油避免多餘的添加物。

材料(3-4人分)

五花肉…1條
蔥…1支
薑片…5片
米酒…10ml
香菜…少許
蒜泥醬…依個人喜好酌量

作法

❶ 放一鍋冰塊水備用。

❷ 取一鍋水煮滾，放入蔥、薑和米酒煮滾。(a)

❸ 轉小火放入五花肉稍煮約20分鐘，取出放入❶冰鎮。

❹ 將五花肉分三等分，逆紋切片擺盤，淋上台式蒜泥醬，撒上香菜即完成。

a

Point
▼

● 如果豬肉還未完全熟，可以放在原本的湯頭裡燙熟即可。

● 蒜泥白肉要切肉片時，一定要先將肉冰鎮過，肉質變硬，比較好處理。

● 五花肉烹煮的時間可依其薄厚度做調整。

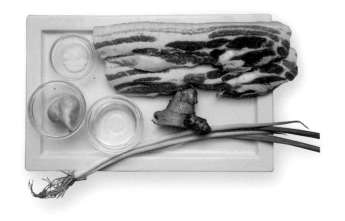

07 薑燒豬肉片

無添加 NOTE ｜ 市售高湯塊含鈉量高，部分高湯塊則含有雞粉、化學香料等添加物，選購時要特別留意標籤上的成分說明。最好選用天然食材熬煮的高湯罐頭，或是自行熬煮高湯，避免不必要的添加物。(作法請見P.039)

材料(2人分)

豬肉片…300g
高麗菜…1/6顆
薑絲…5g

醃料
| 薑…少許
| 醬油…大匙
| 糖…1大匙
| 香油…少許

調味醬料
| 醬油…1大匙
| 米酒…1小匙
| 糖…1大匙
| 高湯…100ml
| 鹽…少許
| 黑醋…1小匙

準備

高麗菜洗淨切絲冰鎮；豬肉用醃料醃製；混和調味醬料。

作法

❶ 取一鍋熱油，薑絲炒香。放入豬肉片拌炒，再放入調味醬料炒香，稍作收乾。(a)

❷ 瀝乾高麗菜絲，取一盤，鋪上高麗菜絲和炒好的豬肉片即完成。

Point
▼

● 高麗菜在冰鎮過後，口感才會鮮脆，此方法適用於任何生菜、蔬果。

Recipe
08 京醬肉絲

自家製醬料

甜麵醬→ P.033

無添加 NOTE 甜麵醬是發酵產品，曾被檢驗出違禁成分和過量添加防腐劑問題，如果買不到無添加甜麵醬，則可以在家手作。

材料(2人分)
豬肉絲…300g
蔥…3支
辣椒…1根
油…3大匙

醃料
| 醬油…1大匙 |
| 太白粉…1小匙 |
| 香油…1小匙 |
| 水…50ml |

調味醬料
| 甜麵醬…2大匙 |
| 糖…1大匙 |
| 鹽…1小匙 |
| 水…50ml |

準備
豬肉絲放進醃料醃製約10分鐘；混和調味醬料；蔥和辣椒切絲，泡冰水備用。

作法
❶ 取一鍋熱油，放入醃好的豬肉，加入調味醬料拌炒熄火。(a)
❷ 將蔥和辣椒絲鋪在盤上，放上炒好的肉絲即完成。(b)

a

b

Point ▼
● 蔥絲需先需泡冰水，口感較鮮脆。

Recipe
09 漢堡排

市售麵粉多少都有添加物，因此使用一般麵粉做成的麵包粉，也有可能含有漂白、品質改良劑、膨鬆劑等添加物。所以可以自己在家用有機麵粉做麵包，再將麵包烤乾後打成粉狀，冷凍備用（作法請見P.040）。

材料(2-3人分)

豬絞肉⋯300g

洋蔥⋯1/4顆

紅蘿蔔⋯1/4顆

巴西里⋯1根

蛋⋯1顆

蒜泥⋯1/2大匙

油⋯3-4大匙

鹽⋯2小匙

麵包粉⋯3大匙

準備

將洋蔥、紅蘿蔔切丁；巴西里切碎；蛋打成蛋液。

作法

❶ 將豬絞肉、洋蔥、紅蘿蔔、巴西里、蛋液和鹽混和。(a)

❷ 用手將肉抓成團狀並裹上麵包粉，放入平底鍋熱油煎兩面金黃熟透。(b)(c)

❸ 盛盤，放上番茄和洋蔥即完成。

a

b

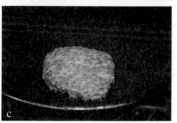

c

Point

● 如果漢堡排過濕，可加入麵粉平衡濕度。

Recipe

10 紅燒獅子頭

無添加 NOTE　蔬果一定要充分沖洗，近年有50℃熱水洗滌法，可以較有效去除農藥、微生物，亦可延長保存時間。

材料(2-3人分)

豬絞肉…600g

蔥末…50g

薑末…50 g

蒜末…50g

蛋…1顆

木耳…少許

麵包或饅頭…1/4顆

麵粉…20g

太白粉…20g

大白菜…1/4顆

大蒜…3顆

蔥絲… 2大匙

辣椒絲…1大匙

橄欖油…3大匙

A
| 鹽…1小匙
| 醬油…1大匙
| 香油…少許

調味醬料
| 冰糖…100 g
| 醬油…1大匙
| 米酒…3大匙
| 香油…少許
| 鹽…少許
| 高湯…500 ml
| 水…500 ml

準備

將A調製備用；將有機麵包切成丁狀、大蒜切片。

作法

❶ 取一鍋，放入絞肉、蔥末、薑末、蒜末、蛋、太白粉、麵粉，加入A與麵包丁，混和均勻。

❷ 取一鍋放入油，和❶揉成丸狀，放在煎鍋煎好備用。(a)

❸ 取一鍋熱油，放入蒜片、大白菜、木耳炒過，放入肉丸及調味醬料。(b)

❹ 大火煮滾，轉小火稍作燜煮20分鐘，讓肉丸入味收乾，放上蔥絲和辣椒絲即完成。(c)

Point

● 在肉丸內加入麵包丁是因為麵包可以吸收湯汁，讓口感更濕潤。

● 這道菜可以用陶鍋煮，味道會更加分。

Recipe

11 三杯雞

米酒曾出現假米酒混充台灣菸酒公司紅標米酒的報導,另外在偏遠地區,會有較多種米酒品牌或是私售自釀米酒的問題,選購時要特別注意分辨,避免不明管道來源的米酒。

材料(3-4 人分)

雞…半隻
薑片…6 片
油…4 大匙
大蒜…10 顆
米酒…20ml
九層塔…10g

調味醬料
醬油…2 大匙
高湯…100ml
糖…1 大匙
鹽…2 小匙

準備

混和調味醬料;雞肉切塊。

作法

❶ 取一鍋冷油,放入薑片、大蒜炒香;放入雞肉拌炒並加入米酒,釋出香氣。(a)

❷ 放入調味醬料熬煮煮滾,蓋上鍋蓋轉小火收乾,放上九層塔並翻動,蓋上鍋蓋即完成。(b)

Point

● 三杯雞非常適合使用陶鍋烹煮,成品色澤漂亮,風味也很好。

● 薑片要在冷油時放入,慢慢炒出薑味,避免大火燒焦。

12 台式竹筍雞

無添加 NOTE

這是一道古早味的菜色,竹筍的香甜與雞肉、醬油融合之後,相當美味。需注意選購醬油,好的無添加醬油,對這道菜色是加分效果。若是對麩質過敏,市面上也有無麩質的純釀醬油可供選購,顏色較淡。

材料(3-4 人分)

雞…半隻
竹筍…1 支
薑片…5 片
大蒜…5 顆
米酒…20ml
油…4 大匙

調味醬料
| 醬油…2 大匙
| 高湯…150ml
| 糖…1 大匙
| 鹽…2 小匙

準備

混和調味醬料;竹筍燙熟切塊。

作法

❶ 取一鍋油熱,大火放入薑片、大蒜爆香,加入米酒。
❷ 放入雞肉拌炒加入調味醬料和竹筍拌炒。(a)
❸ 炒到雞肉上色,收乾即完成。

a

Point
▼

● 這道菜的重點是讓雞肉上色,炒至有點乾焦即可,風味最佳。

13　麻油雞

材料(3-4人分)

雞…半隻

薑片…6片

黑麻油…4大匙

米酒…200ml

調味醬料
｜醬油…3大匙
｜糖…1人匙
｜鹽…2小匙

準備

混和調味醬料；雞肉切塊。

作法

❶ 取一鍋，放入黑麻油低溫爆香薑片，加入雞肉拌炒後，加入米酒熬煮等待滾後加入調味醬料。(a)

❷ 收乾即完成。(b)

Point

● 若是在市場購買雞肉，可以請雞肉攤幫忙切成塊狀。

● 可以煮麵線搭配麻油雞，非常美味。

Recipe

14 蔥油雞

無添加 NOTE　市售薑絲曾查出浸泡用來防腐保鮮的二氧化硫，因此若需要用到薑絲，最好購買完整的薑，再自行切片、切絲，避免不必要的添加。

材料(3-4人分)

雞…半隻

蔥…5g

薑…5g

辣椒…3g

油…250ml

醃料｜米酒…20ml

　　｜鹽…1大匙

準備

蔥、薑、辣椒切成絲後泡水；將雞肉放入醃料，稍抹過醃製。

作法

❶ 取一鍋水煮滾，放入半隻雞，燙熟，約20分鐘起鍋，待冷卻後切塊，放上蔥、薑、辣椒絲。(a)

❷ 另起一鍋，倒入250ml的油，加熱到高溫後，直接淋在雞肉上即完成。

Point
▼

● 熱油的油溫很高，因雞肉還留有水分，在淋上時會有噴油的狀況，需特別留意。

Recipe

15 宮保雞丁

無添加 NOTE

市售的油炸花生米要特別注意黃麴毒素的問題及增加保存期限的添加物，在選購時可特別留意有無黃麴毒素的檢驗證明。如找不到可用的產品，可參照下述 Point，自製油炸花生米。

材料(2人分)

雞胸肉…1片
大蒜…3顆
花椒…1/2小匙
乾紅辣椒…5支
花生米…1/2杯
油…3大匙

醃料	醬油…1大匙
	太白粉…1大匙
	高湯…1大匙

調味醬料	醬油…1大匙
	酒…1大匙
	黑醋…1大匙
	糖…1小匙
	太白粉…1小匙
	鹽…1小匙
	高湯…100ml

準備

將雞胸肉切成3公分大小放入醃料醃製約10分鐘；混和調味醬料、大蒜切片。

作法

❶ 將雞胸肉放入油溫160度的鍋中炸1分鐘取出備用。
❷ 取炒鍋熱油，放入蒜片、乾紅辣椒、花椒粒炒香，加入❶和調味醬料收乾，倒入花生米拌勻即完成。
(a)

a

Point

● 自製油炸花生米：使用涼油放入油炸，約7分熟即可起鍋，淋上少量白酒和鹽，裝罐保存。

Recipe

16 紅酒燉牛肉

無添加 NOTE

番茄罐頭在製程上是可以無添加保存的，但因罐頭內塗層都含雙酚A合成的環氧樹酯，番茄的酸性會和罐頭塗料起作用，造成化學物質溶入食品，因此最好選用新鮮番茄或是玻璃瓶裝的番茄製品。

材料(3-4人分)

牛腩…4條
洋蔥…1/2顆
馬鈴薯…1顆
紅蘿蔔…1/2根
蘑菇…5顆
西洋芹…4條
番茄…5顆
麵粉…100g
大蒜…4-5顆
紅酒(拌炒用)…50ml
紅酒…750ml
百里香…少許
月桂葉…1-2片
橄欖油…3大匙
鹽…3小匙

準備

將牛腩一條各切成5-6個塊狀；洋蔥、馬鈴薯、紅蘿蔔去皮切塊、西洋芹切塊、蘑菇、大蒜切片；番茄用調理機打成泥備用。

作法

❶ 起一鍋熱油，將牛腩裹上麵粉，稍煎過備用。(a)
❷ 在❶中放入蒜片和洋蔥拌炒，加入紅酒拌炒；放入牛腩、紅蘿蔔、馬鈴薯拌炒。(b)
❸ 加入打好的番茄泥、紅酒及百里香和月桂葉燉煮，煮滾轉小火，燉煮0.5-1小時。
❹ 放入蘑菇和鹽調味，待牛腩變軟後即完成。

Point

● 番茄燙過去皮打成泥，熬煮出來的紅酒牛肉會更細緻。
● 新鮮百里香和月桂葉可使用乾燥的香草代替。
● 如想要更濃稠的口感，可在煮滾後，加入20g的麵粉，攪拌均勻。

Recipe

17 糖醋雞丁

自家製醬料

糖醋醬→ P.034

無添加 NOTE

糖醋醬最重要的基底在於番茄醬，但需注意市售番茄醬色素和起雲劑的添加物問題，可自行調製番茄醬基底（作法請見P.032）。此外，粉類最好選用有機無添加太白粉和麵粉。

材料（2人分）

雞腿排…1片
紅椒 …1/4顆
洋蔥…1/4顆
大蒜… 3顆
蔥…2根
油…4大匙
鹽…1小匙
糖…1小匙

調味醬料	糖醋醬…3大匙
	太白粉…1大匙
	高湯…100ml
	糖…1大匙
A	太白粉…1大匙
	麵粉…1大匙

準備

混和調味醬料；混和A；雞腿肉切成小塊，抹上少許鹽和香油（分量外）並沾裹A備用；紅椒切1公分塊狀；洋蔥切丁、大蒜切片、蔥切段。

作法

❶ 取一炒鍋，熱油，放入雞肉稍炸過，起鍋備用。

❷ 取一炒鍋，熱鍋依序放入油、大蒜、蔥段、洋蔥、紅椒稍加拌勻，加入炸好的雞肉，放入調味醬料拌炒，再加入鹽、糖混和，收乾即完成。(a) (b)

Point

● 炸雞肉只需炸到表面稍上色即可，不宜炸到太乾。

a

b

Recipe
18　椒麻雞

自家製醬料

泰式紅咖哩醬→ P.030

無添加 NOTE　市售的麵包粉可能會有的添加物：小麥澱粉、乙醯化磷酸二澱粉、玉米澱粉、酵母抽出物、麥精粉等添加物。可自行製作麵包，烤乾麵包再打成麵包粉。

材料(2人分)
去骨雞腿排…1片
泰式紅咖哩醬… 2大匙
油…500ml
高麗菜絲…20公克
香菜…4株

A
| 太白粉…10g
| 麵包粉…30g
| 鹽…1小匙

調味醬料
| 檸檬…3顆
| 紅糖…3大匙
| 辣椒…2根
| 大蒜…5顆
| 魚露…5ml

準備
混和A；混和調味醬料；辣椒切丁、大蒜磨泥；檸檬榨汁。

作法
❶ 雞腿肉與泰式紅咖哩醬醃製10分鐘，沾裹A。(a)
❷ 放入油鍋160度高溫，炸約5分鐘，取出切塊備用。(b)
❸ 取一盤鋪上高麗菜絲，放上雞排及香菜，淋上調味醬料即完成。

Point
▼

● 醬汁使用的檸檬，請勿使用醋代替，調出來的味道會完全不同。
● 如果怕辣，可以省略用泰式紅咖哩醬汁醃製的步驟。

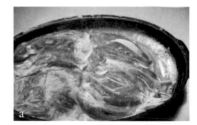

Recipe 19 山東滷牛腱

無添加 NOTE　滷牛肉除了選用無添物醬油外，注意滷包及八角需注意種植來源，避免農藥殘留問題。如果找不到無添加物的八角及滷包，可直接省略不用。

材料(5 人分)

牛腱…1個
橄欖油…2大匙
蔥…1支
薑片…6片
大蒜…3-4顆
辣椒…1根
八角…3顆
滷包…1包
蔥絲…少許

調味醬料
| 高湯…500 ml
| 冰糖…100 g
| 醬油…100 ml
| 米酒…50ml
| 香油…少許
| 鹽…少許

準備

混和調味醬料；蔥切段；取一鍋汆燙牛腱，洗掉血水，取出備用。

作法

❶ 取一鍋，熱油，放入蔥、薑、蒜、辣椒炒過，放入牛腱微炒。(a)

❷ 加入調味醬料，再放入八角與滷包，煮滾後，轉以慢火熬煮約1.5-2小時。(b)

❸ 直到牛腱變軟，即可起鍋，放涼切片，放上蔥絲擺盤即完成。

Point
▼

● 記得將蔥、薑、蒜，墊在陶鍋的最下方，不要讓牛腱直接接觸陶鍋底，避免燒焦。
● 高湯會平衡醬油的鹹味，讓味道更鮮美。

Recipe

20 沙茶牛肉炒空心菜

自家製醬料

沙茶醬→ P.035

無添加 NOTE　這道菜需注意市售的沙茶醬，太白粉、醬油和香油添加物的問題，其中沙茶醬可自行製作冷凍保存；太白粉則最好選購有機或無添加純太白粉即可避免添加物。

材料(3人分)
牛肉片…1盒
空心菜…1把
大蒜…3顆
糖…1大匙
油…2大匙
鹽…2大匙

醃料
｜醬油…2大匙
｜太白粉…1大匙
｜香油…少許
｜水…少許

調味醬料
｜沙茶醬…2大匙
｜醬油…1大匙
｜糖…2小匙
｜鹽…1小匙
｜香油…1小匙
｜高湯…100 ml

準備

牛肉片切約2公分大小，放入醃料醃漬；混和調味醬料；空心菜洗淨、切段、大蒜切片。

作法

❶ 將牛肉放入油溫150℃過油後馬上起鍋。

❷ 另取一炒菜鍋，大火加入大蒜片拌炒，加入空心菜和炸好的牛肉和調味醬料即完成。(a)

Point
▼

● 過油速度要快，稍熟即可起鍋，之後和空心菜一起炒，才不會過熟。

● 沙茶牛肉快炒是重點，空心菜才不會因為炒太久而失去脆度。

21 黑胡椒牛小排

自家製醬料

黑胡椒醬→P.031

無添加
NOTE

市售黑胡椒可能會有大量調味劑、防腐劑、色素等添加問題，但事實上，黑胡椒醬是非常容易DIY的醬料，製作之後，還可以冷凍保存。

材料(2人分)

帶骨牛小排…3片
海鹽…少許
橄欖油…2大匙
黑胡椒醬…3大匙

作法

❶ 牛小排抹上鹽備用。

❷ 用平底鍋、開大火放入油。放上牛小排，兩面煎上色，盛盤後，淋上黑胡椒醬即完成。(a)

Point
▼

● 牛小排需用大火煎，才能將肉汁封住。

Recipe

22 清燉白蘿蔔牛腩

無添加 NOTE

蘿蔔和洋蔥會產生鮮甜味，用簡單的食材熬煮牛肉，不須添加任何鮮味劑，即可以有鮮甜的湯頭。熬煮湯品時可以多放蔬果，讓蔬果的風味取代味精。

材料(5 人分)

牛腩…600g
洋蔥…1 顆
白蘿蔔…1 條
大蒜…5 顆
米酒…10ml
橄欖油…3 小匙

調味醬料
- 香油…少許
- 鹽…4 小匙
- 高湯…500ml
- 水…500ml

準備

混和調味醬料；洋蔥、白蘿蔔去皮、切塊；牛腩切塊汆燙備用。

作法

❶ 取一鍋熱油，放入洋蔥、大蒜炒過，加入米酒提香後，放入汆燙後的牛腩。(a)

❷ 加入調味醬料慢火熬煮約1小時，直到牛腩變軟，即可起鍋。(b)

a

b

Point
▼

● 洋蔥一定要炒到透明呈焦黃色，否則湯頭容易產生類似洋蔥辛香味的薑味。

Recipe

01 醋溜魚片

無添加 NOTE

市售麵粉為了顏色美白，有些會添加漂白劑，另外，有些也會添加增筋作用的偶氮二甲醯胺（ADA）等，因此在選購上請注意成分表上的標示。

材料(2人分)

鯛魚片…2片
洋蔥…1/4顆
紅椒…1/4顆
紅蘿蔔..1/4顆
大蒜…3顆
薑絲…少許
豌豆…30g
油…3大匙

A
麵粉…1大匙
太白粉…1大匙
蛋…1顆
水…50ml

調味醬料
醬油…1大匙
黑醋…2小匙
糖…1小匙
鹽…1小匙
高湯…100ml

準備

將A混和；將調味醬料混和；將魚片切成3公分大小；洋蔥、紅椒洗淨、切塊、大蒜切片。

作法

❶ 將魚裹上A，放入油溫160℃炸2分鐘後備用。

❷ 炒鍋熱油，放入蒜片、薑絲、紅蘿蔔炒香。(a)

❸ 放入洋蔥、紅椒、豌豆拌炒，倒入調味醬料，放上❶收乾即完成。(b)

Point ▼

● 鯛魚片只需炸2分鐘、呈現半熟狀態即可，以免煮過乾。

Recipe
02

鮭魚水果沙拉
佐檸檬醬

自家製醬料

檸檬果醬→ P.037
糖漬柳橙片→ P.038

無添加 NOTE　市售的檸檬果醬通常會添加色素和膠類物質，但也有不少有機無添加的果醬可供選購。或是在家自製果醬，還可以做成沙拉醬小批分裝，冷凍保存。

材料(2人分)

鮭魚…100g
蘿蔓萵苣…3片
洋蔥…1/8顆
紅捲萵苣…1片
綠捲萵苣…少許
紅椒…1/8顆
蘋果…1/8顆
柳橙…1/2顆
葡萄…2顆
糖漬柳橙…5片
葡萄乾…少許
杏仁片…少許

調味醬料｜檸檬果醬…2大匙
　　　　｜橄欖油…100ml
　　　　｜鹽…1小匙

準備

混和調味醬料；鮭魚切塊狀抹上少許鹽（分量外）；蘿蔓、紅捲、綠捲、葡萄洗淨；洋蔥切絲；蘋果、柳橙去皮切塊；紅椒、葡萄切對半。

作法

❶ 以160℃油炸2分鐘。(a)
❷ 取一盤，依序放上蘿蔓、洋蔥、綠捲、紅捲、蘋果、柳橙、紅椒、葡萄、糖漬柳橙、葡萄乾拌上❶，放上鮭魚和撒上杏仁片即完成。（b）

Point
▼

● 鮭魚可改成烤鮭魚，烤箱預熱10分鐘，抹上鹽，以220℃烤3分鐘即可。
● 洋蔥可用冰水冰鎮15分鐘，去除辛辣味。

Recipe

03 紅燒秋刀魚

無添加 NOTE

秋刀魚含胺類成分，而含胺類食物和含亞硝酸鹽食物（常見的有：香腸、臘肉、培根、火腿、熱狗等，少數蔬菜，如紅蘿蔔和波菜，也含有少量亞硝酸鹽成分。）一起吃的話，容易產生亞硝胺致癌物質，需特別留意。

材料(2人分)

秋刀魚…1尾
大蒜…4顆
辣椒…1根
薑絲…少許
油…3大匙

調味醬料
┃醬油…2大匙
┃味醂…1大匙
┃高湯…100ml
┃黑醋…1大匙

準備

混和調味醬料；將秋刀魚切成3段、擦乾、抹上鹽；大蒜、辣椒切碎備用。

作法

❶ 取一鍋熱油，秋刀魚放入煎到兩面微熟，放入辣椒、薑絲、大蒜炒香。(a)

❷ 加入調味醬料熬煮，收乾即完成。(b)

Point
▼

● 這道料理偏日式下酒菜，可與啤酒搭配享用。

04 泰式檸檬魚

> **無添加 NOTE**
>
> 部分魚露有人工添加甜劑或防腐劑的問題，如果家中有種植新鮮檸檬香茅葉，可放香茅葉增添風味，取代魚露使用。目前台灣已有進口較純的魚露可以選購，如果找不到，也可以直接用鹽取代，只是風味稍有不同。

材料(2人分)

鱸魚…1尾
香蕉葉…1片
新鮮香茅葉…5片

調味醬料
| 檸檬…5顆
| 大蒜…5顆
| 辣椒…2根
| 魚露…40ml
| 糖…3大匙

準備

檸檬榨汁；混和調味醬料。

作法

❶ 鱸魚清洗乾淨拿出內臟，塞入香茅葉。

❷ 將香蕉葉攤平，放上鱸魚和調味醬料，將香蕉葉包起來，用麻繩綁起。(a)

❸ 放入烤箱220℃烤15-20分鐘，魚熟透即完成。

Point

● 食物放在香蕉葉上烤，會呈現不同的風味，如果沒有香蕉葉，可直接放在鋁箔紙上包起來烤即可。

● 如果沒有香茅可以改成青蔥使用。

05 糖醋魚

無添加
NOTE

市售的黃魚有可能添加皂黃染色，經工業色素處理後的黃魚，魚肚會有大規模鮮豔的淡黃色。正常的黃魚尾巴是黑色、背部是黑灰色、魚肚的金黃色成自然色澤，選購時需特別留意。

材料(2人分)

黃魚…1尾
蔥…1支
薑…10g
大蒜…5顆
辣椒…1根
油…4大匙

調味醬料
- 醬油…1大匙
- 番茄醬…3大匙
- 高湯…200ml
- 太白粉…2大匙
- 黑醋…1大匙
- 鹽…2小匙
- 糖…1大匙

準備

將魚洗淨和處理（先抹上少許鹽，再抹上麵粉50g）；蔥、薑、蒜、辣椒切末；混和調味醬料。

作法

❶ 取一鍋熱油，將魚放入油內煎至金黃後備用。(a)
❷ 鍋子洗淨，放入油、蔥、薑、蒜爆香，放入調味醬料，放入魚熬煮收乾即完成。(b)(c)

a

b

c

Point
▼
● 可依個人喜愛添加豆腐或是蔬菜，增添風味。

Recipe
06 薑汁小魚

無添加 NOTE

一般冷凍遠洋魚通常在捕撈後還會添加磷酸鹽以抑制氧化和腐敗，保持魚類的色澤，因此建議選用當地現撈海產或魚塭的養殖魚，可減少添加物的攝取並減少食物里程數。

材料(2人分)

小魚…3尾
薑絲…10g
大蒜…3-4顆
紅椒絲…5g
油…2大匙

調味醬料
高湯…100ml
糖…1大匙
酒…1大匙
黑醋…1大匙
鹽…2小匙
香油…1小匙

準備

混和調味醬料；魚抹上少許鹽。

作法

❶ 起一鍋熱油，放入魚乾煎好取出，放入薑絲和大蒜炒香。(a)

❷ 放入調味醬料和魚燉煮，稍作收乾，擺上紅椒絲即完成。(b)(c)

a

b

c

Point
▼

● 煎魚之前，先用廚房紙巾將魚擦乾，再用鹽兩面塗抹，預防過多的水分讓油噴起。

07 乾燒明蝦

無添加 NOTE 明蝦通常為遠洋漁業，在捕撈後有時添加防腐保存和防黴的添加物，在選用時還是儘量把握挑選當季當地食材，如澎湖就有新鮮捕獲的明蝦可選用。

材料(2人分)

明蝦⋯4隻
蔥⋯2支
薑⋯10g
大蒜⋯5顆
油⋯3大匙

調味醬料
番茄醬⋯3大匙
黑醋⋯1大匙
高湯⋯100ml
太白粉⋯2小匙
糖⋯1大匙
鹽⋯2小匙
香油⋯少許

準備

混和調味醬料；蔥、大蒜、薑切末。

作法

❶ 取一鍋熱油，放入蔥、薑、大蒜炒香，放入調味醬料，加入明蝦收乾即可取出盛盤，撒上蔥花即完成。(a) (b)

Point
▼

● 蝦子易熟，因此最後才放入，需稍加控制收乾的時間。

Recipe

08 滑蛋蝦仁

無添加 NOTE

正常蝦仁的口感是彈性中帶鮮甜，若是吃起來又脆又彈牙的話，要特別注意是否添加磷酸鹽作為增重。最好購買新鮮完整的蝦子回家自行剝殼，做成蝦仁，避免食用過多添加物。

材料（2人分）

去殼草蝦…10隻

大蒜…3顆

蔥花…2大匙

油…3大匙

高湯…2大匙

A | 米酒…1大匙
　 | 香油…少許
　 | 鹽…1/2小匙

調味醬料 | 蛋…4顆
　　　　 | 太白粉…1小匙
　　　　 | 牛奶…1大匙
　　　　 | 鹽…1匙

準備

將草蝦去頭去殼、中間劃一刀，用A醃製；混和調味醬料；大蒜切片。

作法

❶ 熱鍋中火，放入蒜片炒香，放入蝦仁、高湯和調味醬料攪拌，撒上蔥花即完成。(a)（b）

a

b

Point

- 炒蝦仁時間不需過久，約5分熟，即可放入蛋液，炒出來的蝦仁才不會過老。
- 蛋液攪拌一下快速關火用餘溫讓蛋變熟。
- 滑蛋不需太熟才好吃，所以最好選用有機蛋製作。

Recipe
09 鳳梨蝦球

自家製醬料

美乃滋→P.033

無添加 NOTE 油炸所需要的太白粉和玉米粉市面上已出現有機的產品，可以安心購買使用。

材料(3人分)

去殼草蝦…10隻

鳳梨…1/8顆

油 …3大匙

太白粉…1大匙

玉米粉…1大匙

A｜蛋黃…1顆
　｜鹽…1小匙

調味醬料｜美乃滋…100ml
　　　　｜檸檬汁…1顆的分量
　　　　｜鹽…1小匙

準備

將草蝦去頭去殼、中間劃一刀，用A稍浸泡醃製；混和調味醬料；鳳梨切成1cm大小。

作法

❶ 將蝦子裹滿太白粉，放入油溫150℃的油鍋，油炸約30秒，即可起鍋。(a)(b)

❷ 將鳳梨、蝦球和調味醬料拌勻即完成。(c)

Point

● 蝦子油炸的時間約30秒(依蝦子的顏色判斷熟度)，熟了就馬上起鍋，時間過久蝦子會太乾澀。

Recipe
10　五味透抽

自家製醬料

番茄醬→P.032

無添加 NOTE

五味醬在調製過程中，需特別注意市售番茄醬添加色素、化學香料、增稠劑等問題，選擇產品請注意成分表上的標示，或是自製番茄醬，平時可以冷凍保存。

材料(3-4人分)

透抽…1隻
米酒…1大匙
薑…4片
蔥…1支

調味醬料
醬油…1大匙
烏醋…1大匙
高湯…100ml
番茄醬…1大匙
蒜泥…1大匙
香油…少許
糖…2大匙

準備

混和調味醬料。

作法

❶ 取一鍋冷水，放入蔥、薑、米酒和透抽煮滾，取出放入冰水中冰鎮。(a)

❷ 在透抽上淋上調味醬料，盛盤，擺上蔥絲和薑絲即完成。

Point
▼

● 從冷水開始加溫汆燙透抽，約煮至8分熟的程度，取出冰鎮，透抽才會鮮甜。

11 蚵仔煎

自家製醬料

蚵仔醬煎→ P.032

無添加 NOTE　市面上的蚵仔煎醬顏色鮮艷、醬料濃稠，大多是添加色素、塑化劑、香精、增稠劑等而來，最好避免使用。可自行製作蚵仔醬，冷凍保存，方便平時炒菜使用。

材料(2人分)

蛋…2顆

蚵…50g

小白菜…50g

油…3大匙

A

太白粉…1大匙

地瓜粉…1大匙

鹽…2小匙

水…100ml

準備

將A混和；小白菜洗淨切段。

作法

❶ 取一平底鍋，放入油熱鍋，打入蛋、蚵、放入小白菜。(a)

❷ 加入A，稍煎過，待小白菜熟透、粉漿凝結即可起鍋，淋上蚵仔煎醬即完成。

Point
▼

● 此作法將蚵改成蝦仁，就是蝦仁煎了。

01 西班牙烘蛋

無添加 NOTE

生蛋容易遭到沙門氏桿菌汙染，尤其以嬰幼兒和老人家容易感染沙門桿菌，會出現較嚴重的併發症。因此在買回家好後，要冷藏保存，且雞蛋一定要煮熟食用，中心溫度至少70℃以上，以達殺菌效果。

材料(2人分)

馬鈴薯…2顆
南瓜…200g
紅椒…1/4顆
迷迭香或巴西里…少許
橄欖油…3大匙
A｜蛋…6顆
　｜鹽…3小匙

準備

將A拌勻；馬鈴薯和南瓜去皮、刨成片；紅椒切丁。

作法

❶ 取一有深度的烤盤，放入馬鈴薯、南瓜和紅椒炒香，並撒上迷迭香或巴西里拌炒。(a)

❷ 加入A，稍作整型，蓋上鍋蓋，轉小火煮3分鐘，燜5分鐘即可倒出切片。(b)(c)

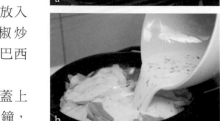

a

b

c

Point
▼

● 如果有烤箱的話，也可以直接放入烤箱烤，預熱10分鐘，約220℃烤10分鐘即可。

Recipe
02　玉子燒

○ **無添加 NOTE**　在國內雞蛋曾檢驗出戴奧辛含量超標的問題，因此選購雞蛋時，最好選購盒裝上有溯源標籤的產品，透過該標籤資訊就可以得知雞蛋來源的畜牧場名稱，較具品質保證。

材料（2人分）
蛋…4顆
醬油…1/2小匙
糖…2小匙
鹽…1匙
油…2大匙

準備
將蛋、醬油、糖、鹽混和。

作法
❶ 取一玉子燒鍋，放入油熱鍋，轉小火，分次放入蛋液到鍋子內。(a)(b)
❷ 再慢慢捲起，完全將蛋液煎完即完成。(c)

a

b

c

Point
▼
● 蛋捲得越多次，層次越分明。
● 混和材料時，也可以加入太白粉，避免蛋液破裂。

Chapter 3 · 豆腐、蛋

113

03 蛤蠣蒸蛋

無添加 NOTE

有些商家為了讓蛤蠣的外殼雪白，賣相較好，會使用雙氧水或明礬清洗蛤蠣。在選購時可以依顏色判斷，選擇淡黃色或深褐色的。購買回家後用流動的水清洗，並讓蛤蠣吐沙，減少添加物的殘留。

材料(2人分)
蛤蠣…6顆
蛋…2顆
高湯…50ml
冷水…50ml
鹽…2小匙

準備
蛤蠣泡水吐沙；將蛋均勻打散、過篩，加入高湯、鹽、水混和。

作法
❶ 將蛋液平均分配到小碗內，放入蛤蠣，蓋上蓋子。(a)
❷ 放入蒸烤爐，蒸烤約8分鐘，表面呈現凝結，稍有滑動感，就可以蓋上鍋蓋，讓餘熱熟透蛋液即完成。(b)

a

Point
▼

● 蛋液全部混和好，可用衛生紙擦掉，盡量將蛋液表面的氣泡消泡。
● 蒸烤爐也可以改用電鍋蒸，半杯水約8-10分鐘，免得過熟。
● 可適量加入金針菇、香菇或蝦子。

Recipe
04 番茄炒蛋

無添加 NOTE　市售很多現成的高湯，但為避免添加物，可自行熬煮高湯（作法請見 P.039）後分裝冷凍，使用前拿出解凍，是減少攝取添加物的好方法。

材料(2人分)
番茄…3顆
蛋…3顆
大蒜…3顆
蔥…1支
油…3大匙

調味醬料
- 高湯…200ml
- 香油…少許
- 糖…1大匙
- 鹽…2小匙

準備
混和調味醬料。番茄洗淨切塊狀；蛋打成蛋液；蔥切段、大蒜切片。

作法
❶ 取一鍋熱油，放入蒜片爆香，加入番茄和調味醬料炒熟。(a)
❷ 加入蛋液、蔥拌炒熄火即可。(b)

Point
▼
● 蛋的熟度可以依自己喜好調整，喜歡口感濕潤的話，可以在蛋液加入後馬上熄火，用微溫讓蛋慢慢熟透。

Recipe

05 高麗菜蛋餅

無添加 NOTE　因為蒜泥容易壞，因此最好在料理前才將大蒜打成泥。同時為了保存久一點，可以加入一些米酒和鹽，一起放入調理機打碎混和就完成了。

材料(2人分)

蛋…4顆
高麗菜…1/6顆
紅蘿蔔…1/4顆
蒜泥…1/2大匙
鹽…2小匙
油…3大匙

準備

高麗菜洗淨切絲，紅蘿蔔去皮切絲備用。取一大碗，將蛋打成蛋液，陸續加入高麗菜絲、紅蘿蔔絲、蒜泥、鹽混和。

作法

❶ 取一鍋熱油，將蛋液倒入煎鍋，待蛋液捲起後，再次倒入蛋液，約4次將蛋液煎好。(a)

❷ 取出切片、盛盤，擺上番茄、高麗菜絲（分量外）即完成。

a

Point
▼

● 蛋液分越多次倒入，蛋的剖面層次越分明。

水波蛋沙拉
佐檸檬橄欖油醋

無添加 NOTE

橄欖油除了曾違法假油加入銅葉綠素外，也要特別注意採用化學溶劑「正己烷」提煉的橄欖果渣油（Olive Pomance Oil）。橄欖粕油屬於最低等級的橄欖油，因「正己烷」很難完全去除，恐有增加罹癌的風險。

材料(1-2人分)

蛋…1顆
紫球苣…2片
小黃瓜…1條
核桃…20g
奇亞籽…1小匙
白醋…1大匙(水波蛋用)

調味醬料
檸檬汁…1顆的分量
冷壓橄欖油…50ml
鹽…1/2大匙
蜂蜜…1大匙
黑胡椒…少許
迷迭香…少許

準備

混和調味醬料，用打蛋器打到全部混和發白。小黃瓜切塊狀；紫球苣洗淨撕成片狀。

作法

❶ 取一鍋，水滾放入白醋，將蛋打在大湯匙內輕輕地放入鍋裡，定時3分鐘取出。

❷ 擺盤放上紫球苣、小黃瓜，堆疊水波蛋，撒上奇亞籽、核桃，淋上調味醬料即完成。

Point
▼

● 如市售找不到紫球苣，也可以替換成其他生菜類。
● 加入醋，可以確保蛋凝固和熟得更快，形成漂亮的水波蛋。

Recipe

07　豆腐滑蛋

 無添加 NOTE

市售胡椒粉爆出「工業級碳酸鎂」混入胡椒粉內，以保持乾燥、不結塊，增添重量。建議購買原食物型態的胡椒粒，每次使用時，自己手動磨成粉，就可以避免買到含有添加物的胡椒。

材料(2人分)

豆腐…1塊
豌豆…6片
木耳…1片
蔥…1支
油…2大匙
胡椒粉…少許

A｜蛋…3顆
　｜太白粉…3小匙
　｜鹽…1小匙

調味醬料｜高湯…100ml
　　　　｜醬油…1大匙
　　　　｜糖…1小匙
　　　　｜酒…20ml

準備

混和A；混和調味醬料；豆腐切成丁狀；豌豆去絲洗淨；木耳切絲；蔥切蔥花。

作法

❶ 取一鍋熱油，先將豆腐煎過放涼，再與A混和。

❷ 用鍋子內剩下的油將豌豆、木耳炒過加入調味醬料收乾，放入豆腐和A混和稍作攪拌，撒上蔥花、胡椒即完成。(a) (b)

a

b

Point ▼

● 蛋液放入後待差不多熟就要熄火，免得過熟。

08 鐵板豆腐

無添加 NOTE 部分商家會將剝皮的大蒜浸泡藥水，延長保存期限，因此最好買帶皮的大蒜回家自己剝皮，以減少吃進添加物的機會。

材料(3人分)

豆腐…2塊

洋蔥…1/4顆

紅蘿蔔…1/3顆

豌豆…10片

大蒜…3-4顆

薑絲…10g

蔥…1支

油…2大匙

調味醬料｜
高湯…100ml
糖…1大匙
酒…1大匙
黑醋…1大匙
鹽…2小匙
香油…1小匙
醬油…1大匙

準備

混和調味醬料；將豆腐切塊、紅蘿蔔切片、豌豆去絲、洋蔥切絲、蔥切段。

作法

❶ 取一鍋熱油，將豆腐煎過取出備用，放入大蒜、薑絲、洋蔥炒香。(a)

❷ 放入豆腐、豌豆和調味醬料收乾，放入蔥段即完成。(b)

a

b

Point ▼

● 如果有鑄鐵鍋的話，也可以當作盛盤使用。

Recipe

09

花生芝麻醬
豆腐沙拉

自家製醬料

花生芝麻醬→P.035

無添加 NOTE

花生芝麻醬要特別注意黃麴毒素的問題。台灣氣候潮濕，在生產或加工過程中，容易滋生黃麴毒素，最好選擇信用良好、台灣當地種植生產的商品，開封後也需要注意妥善冷藏保存。

材料(1-2 人分)

豆腐(板豆腐)…1塊
芹菜…1株
小黃瓜…1/2條
大蒜…2顆
香油…少許

調味醬料
| 花生芝麻醬…2大匙
| 醬油…2小匙
| 糖…1大匙
| 醋…1小匙
| 香油…1小匙
| 高湯…2大匙

準備

混和調味醬料；芹菜切末、大蒜打成泥；小黃瓜切丁放少許鹽去澀味並脫水稍作擰乾；豆腐捏碎擰乾備用。

作法

❶ 將芹菜、小黃瓜、捏碎的豆腐和調味醬料混和。(a)

❷ 放上香油，放入冰箱冷藏10分鐘即完成。

Point
▼

● 這道菜色較日式，可加入少許的味噌，呈現不同的口感。

Recipe

10 涼拌紫蘇梅豆腐

無添加
NOTE

市售的特殊風味紫蘇梅，如檸檬、玫瑰口味，若是味道過香，則需注意是否放入人工香精，選購時要多加留意成分標示。

材料(1-2人分)

紫蘇梅⋯4-5顆

新鮮紫蘇葉⋯4片

豆腐(或板豆腐)⋯1塊

調味醬料
├ 醬油⋯2小匙
├ 紫蘇梅汁⋯2大匙
├ 糖⋯1大匙
└ 香油⋯1小匙

準備

混和調味醬料；將紫蘇梅去籽剁碎；新鮮紫蘇葉洗淨切碎。

作法

❶ 將紫蘇梅和紫蘇葉放入調味醬料中混和。(a)

❷ 取一盤，放入豆腐及混和好的紫蘇醬料，放入冰箱冰鎮10分鐘即完成。(b)

a

b

Point
▼

● 這道菜色簡單美味，因市面上比較難找到新鮮的紫蘇葉，如果找不到紫蘇葉，可用日本料理的綠紫蘇取代或是省略不用。

● 如果紫蘇梅過酸，可自行調整糖的用量。

自家製醬料

豆瓣醬→ P.035

Recipe 11 麻婆豆腐

無添加 NOTE

國內曾發生過大型廠商，在豆腐製作上使用工業石膏，建議可以在市場上找有機豆腐或可靠的手工製作豆腐，雖然價格較高，但吃得較安心。

材料(3人分)

粗豬絞肉…300g
蔥花…3大匙
蒜末…2大匙
薑末…2大匙
豆腐…1盒
油…3大匙

醃料
醬油…1大匙
蔥花…2大匙
香油…少許

調味醬料
豆瓣醬…2大匙
醬油…1大匙
麻油…1小匙
高湯…100ml
太白粉…1小匙
糖…1大匙
鹽…1/2小匙

準備

用醃料醃製豬絞肉；混和調味醬料；豆腐切成1cm大小備用。

作法

❶ 取一鍋，開大火加入油，倒入蒜末、薑末、蔥花稍炒過，再放入醃製好的豬絞肉拌炒到絞肉接近半熟，放入調味醬料、高湯和豆腐稍做收乾即完成。(a) (b)

Point
▼

● 豆腐要最後放入，避免煮太久爛掉。

Recipe

01 涼拌蛋皮小黃瓜

自家製醬料

花生醬→ P.038

無添加 NOTE

涼拌蛋皮小黃瓜使用的醬料比較多，包括醬油、香油、花生醬、醋等。醬油中常見的人工添加物有焦糖色素、防腐劑、增稠劑、甜味劑、酸味劑等，市面上都可以找到無添加的醬油、花生醬，或自己手作花生醬也非常方便、簡單。

材料(3人分)

小黃瓜…2條
蛋…3顆
鹽…1/3小匙
油…2大匙

調味醬料
　花生醬…3大匙
　大蒜…3-4顆
　醬油…2大匙
　醋…1大匙
　雞高湯…50 ml
　香油…1小匙
　鹽…1/2小匙
　糖…1大匙

準備

將小黃瓜切絲泡冰水；蛋打散，加入鹽；大蒜切成碎末狀。

作法

❶ 混和調味醬料。(a)
❷ 取一鍋熱油，用小火煎蛋皮，再捲成蛋捲。(b)
❸ 小黃瓜濾水，取出鍋中的蛋捲，切絲狀，擺在黃瓜上方，淋上調製好的花生醬即完成。(c)

Point

● 煎蛋皮時，如果怕破掉，可在蛋液中放入1小匙太白粉攪拌，煎蛋時比較不容易破掉。
● 調製花生醬時，放入高湯的原因是避免醬料過鹹。

Chapter 4·蔬食

133

Recipe

02 涼拌茄子

無添加 NOTE

純正的醋為釀造醋，需要長時間的釀造，而合成醋，俗成醋精，是將食油中的原料氧化，再加入香料調味而成。味道刺鼻，加在料理中則具刺激性的氣味，因此選購時要多加注意。

材料(2人分)

茄子…2條
蔥末…2大匙
辣椒…1大匙

調味醬料
｜ 醬油…2大匙
｜ 高湯…2大匙
｜ 黑醋…1大匙
｜ 糖…1小匙
｜ 蒜泥…2大匙
｜ 香油…1小匙

準備

將茄子去蒂頭，切段，每段約5公分、辣椒切末。

作法

❶ 用熱水氽燙茄子，擺盤備用。(a)

❷ 取一大碗，放入蔥末與辣椒末，再加入調味醬料混合拌勻。

❸ 在茄子上倒入❷，淋上香油，放入冰箱冷藏，要食用時再取出即可。

a

Point
▼

● 氽燙茄子時，勿燙過久以免造成茄子變色及過爛而影響口感。或可以油炸茄子，色澤比較美但較油膩。

Recipe
03 塔香茄子

無添加 NOTE

香油最大的問題是摻用調和油。香油的出油率是40%，但市面上卻很多都低於同重量芝麻的價格。一般來說，白芝麻香油所散發出來的香氣較溫和；含添加物的香油，香味則非常濃郁。

材料(2人分)

茄子…2 條
九層塔…1 把
蒜片…1 大匙
薑末…1 大匙
辣椒絲…少許
油…2 大匙

調味醬料
醬油…2 大匙
黑醋…1 大匙
糖…1 小匙
香油…1 小匙
高湯…100ml

準備

將茄子洗淨，切成條狀；九層塔洗淨；混和調味醬料。

作法

❶ 取一炒鍋熱，放入油、蒜片，加入茄子炒熟，放入調味醬料。(a)

❷ 收乾，放入九層塔拌炒，加入辣椒絲即完成。(b)

Point

● 放入加了高湯的調味醬料收乾，口感較為順口，可以解掉醬油的死鹹味。

a

b

Recipe

04 涼筍沙拉

自家製醬料

美乃滋→ P.033

無添加 NOTE

市售的美乃滋有些會添加乳化劑、黏稠劑、防腐劑和色素等，幫助美乃滋品質的穩定。其實只要蛋黃、油、檸檬汁、鹽和糖就可以自己做出美乃滋，避免吃進添加物。

材料（3-4人分）

綠竹筍…2支
水…1500ml

A ｜ 美乃滋…100ml
｜ 糖…1大匙
｜ 鹽…1小匙

準備

將A調勻備用。

作法

❶ 綠竹筍洗淨，連殼放入鍋中，水煮40分鐘。(a)
❷ 綠竹筍放涼，置入冰箱冷藏。
❸ 將綠竹筍去皮、切塊狀，擺盤，淋上A即完成。

Point

● 綠竹筍須帶殼水煮，煮出來的竹筍較為清甜。
● 在美乃滋裡加入一匙柑橘類果醬拌勻，就是一道涼筍柑橘沙拉。

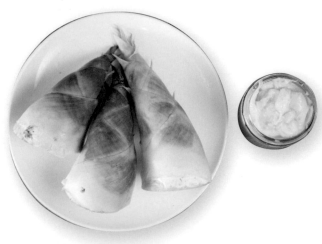

Recipe
05 苦瓜鹹蛋

無添加 NOTE　鹹蛋的製作是將生鹹蛋浸泡鹽，使鹽的滲入蛋內，產生鹹味，呈現特殊的口感。曾有養鴨場違法添加防腐劑的案例，選購時要特別注意。

材料((2-3人分)

綠苦瓜…1條
生鹹蛋…3顆
蔥末…2大匙
油…3大匙
大蒜…2顆

調味醬料｜酒…1小匙
　　　　｜糖…1/2大匙
　　　　｜鹽…1/2大匙
　　　　｜高湯…50m

準備

苦瓜去籽，切塊、大蒜切片；混和調味醬料。

作法

❶ 取一鍋水，水滾後放入生鹹蛋煮熟約10分鐘，取出備用放入冷水中去殼，切塊備用。用同一鍋滾水，汆燙苦瓜，約3分鐘取出備用。

❷ 取炒鍋，加入油，放入蒜片炒香。放入一半切塊的鹹蛋炒香，再放入苦瓜稍拌炒，炒差不多再加入另一半的鹹鴨蛋，加入調味醬料至收乾，放入蔥末即完成。(a)

Point
▼

● 鹹蛋最好先試味道，若太鹹的話，可以減鹽或增糖做調整。

Recipe

06 泰式青木瓜絲

自家製醬料

泰式檸檬醬→ P.030
泰式紅咖哩醬→ P.030

無添加 NOTE

這道菜無添加物的重點在於魚露，選購魚露的方式，需確認成分標示，魚的部分需佔70%以上，其他為鹽及糖，才能避掉添加物的風險。

材料(3人分)

青木瓜…1/2顆
長豆…2條
小番茄…5顆
洋蔥…1/8顆
紅蘿蔔…5g
蝦米…5g
花生…10g
香菜…2株

A ｜ 泰式紅咖哩…2大匙
　 ｜ 泰式檸檬醬…3大匙

準備

混和A。(a)

作法

❶ 將青木瓜刨成絲狀泡入冰水備用。

❷ 長豆切段約5公分、小番茄對切、洋蔥、紅蘿蔔切絲備用。

❸ 將蝦米、花生用乾鍋稍微炒過備用。

❹ 混和❶和❷，加入蝦米，再倒入調味醬料，充分拌勻。(b)

❺ 撒上花生，放上香菜裝飾後即完成。

Point
▼

● 泰國當地會使用缽和杵搗食材，以增添香氣，在台灣沒有工具的話，可以直接拌勻即可。

Recipe

07 乾煸四季豆

無添加 NOTE

市售蝦米有些會添加食用色素或二氧化硫，挑選自然淡橘色，沒有化學藥劑等異味的蝦米，如找不到無添加的蝦米可省略不用。

材料(2人分)

四季豆⋯300g
絞肉⋯100g
蔥末⋯1大匙
薑末⋯1大匙
蒜末⋯1大匙
辣椒末⋯1大匙
米酒⋯1小匙
油⋯2大匙

A ┤ 醬油⋯1大匙
　　糖⋯1小匙
　　高湯⋯50ml

準備

混和調味醬料；將四季豆洗過，切大段，放入油鍋，以油溫160℃炸3分鐘取出備用。

作法

❶ 取一鍋，放入油，蔥、薑、蒜、辣椒末炒過，加入米酒，再放入絞肉炒熟。(a)

❷ 加入四季豆稍微拌炒，接著加入調味醬料，直至醬汁收乾即完成。(b)

Point
▼

● 放入加了高湯的調味醬料收乾，口感較為順口，可以解掉醬油的死鹹味。

Recipe

08 涼拌川味大白菜

無添加 NOTE 涼拌大白菜傳統的作法通常會加入切細的豆腐乾，但市面上豆類製品通常添加物較多，目前似乎不容易找到無添加物的豆腐乾，因此未將豆腐乾列入。

材料(2人分)

大白菜…1/2顆
紅蘿蔔…1/4根
蔥…2支
去皮花生…1小匙
香菜…4小株
辣椒…1根
鹽…2小匙

調味醬料
　　醬油…1大匙
　　蒜泥…2大匙
　　黑醋…1大匙
　　糖…1小匙
　　辣椒油…1大匙
　　香油…1大匙
　　高湯…2大匙

準備

混和調味醬料；辣椒切絲。

作法

❶ 大白菜、紅蘿蔔、蔥洗淨切絲，撒上鹽混和，靜置10分鐘。(a)

❷ 去澀水，和調味醬料混和，撒上花生米、香菜、辣椒絲即完成。(b)

a

b

Point

● 加鹽去完澀水的大白菜最好先嚐味道，如果太鹹的話，可以用水先洗一下，稍擰乾再和醬料拌勻。

Recipe
09 蒜蓉絲瓜

自家製醬料

辣椒醬→ P.034

無添加 NOTE　這道菜色的無添加物重點除了醬油以外（相關訊息請見 P.041），還有辣椒醬的選用也必須多加注意。如果在市面上買不到無添加的辣椒醬，則可以在家手作。

材料(3-4人分)

絲瓜…1 條
大蒜…3 顆
薑絲…3g
油…2 大匙

調味醬料
- 辣椒醬…2 大匙
- 醬油…1 大匙
- 鹽…1 小匙
- 高湯…2 大匙
- 香油…少許

準備

混和調味醬料；絲瓜去皮，切成條狀、大蒜切片。

作法

❶ 取炒鍋，依序加入油、蒜片、薑絲和絲瓜拌炒，倒入調味醬料拌炒均勻，收乾即完成。(a)

a

Point

- 絲瓜切得越細（約0.5公分），拌炒起來越美味。
- 絲瓜易生水，所以不宜加入太多高湯。

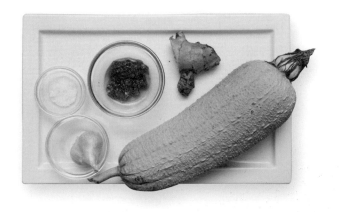

10 糖醋藕片

無添加
NOTE

這道清爽的藕片，無添加要注意選購醬油在成分標示避免使用到化學醬油。

材料(3人分)

蓮藕⋯1小節
冰塊⋯1盒
飲用水⋯1碗

調味醬料：
薑⋯1根
大蒜⋯3-4顆
醬油⋯1大匙
白醋⋯1大匙
雞高湯⋯50 ml
香油⋯1小匙
鹽⋯1/2小匙
糖⋯2大匙

準備

蓮藕去皮，切成0.5公分的薄片；準備飲用水1碗放入冰塊；薑與蒜切成碎末狀；混和調味醬料。

作法

❶ 將蓮藕氽燙，再放入預先準備好的冰塊水中，冰鎮約10分鐘。(a)

❷ 取出蓮藕片，加入調味醬料混和，放入冰箱約15-20分鐘即完成。(b)

Point

● 無添加物的菜色在調製醬料時，加上高湯可以讓醬料更為順口。

11 糖醋白菜

無添加
NOTE

購買乾辣椒時，需注意若是顏色太紅、太漂亮，聞起來有硫磺的味道，則避免購買。乾辣椒很容易製作，將新鮮辣椒連續日曬 3 天以上，完全乾了即可冷藏保存。

材料(2-3人分)

大白菜…1/4顆
大蒜片…2-3顆
乾辣椒…3根
花椒…少許
鹽…2小匙
油…3大匙

調味醬料
| 醬油…2大匙
| 高湯…100ml
| 糖…1大匙
| 鹽…2小匙
| 黑醋…1大匙

準備

混和調味醬料；大白菜洗淨，切段、乾辣椒切段。

作法

❶ 取一炒鍋，大火熱油，加入蒜片、辣椒，花椒略炒，放入大白菜炒軟。(a)

❷ 加入調味醬料拌炒，加入鹽，收乾即完成。(b)

a

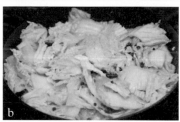
b

Point
▼

● 依個人喜好，調整白菜的熟脆度。
● 冷藏保存，風味更佳。

12　醋溜馬鈴薯

無添加 NOTE

無添加物的醋為釀造醋，透過蔬果或穀物等食材發酵而成，市售需注意成分標示是否為純釀造，釀造時間通常會反映在價位上，價位從40元到280元都有。合成醋則通常是使用冰醋酸稀釋後，添加糖與酸味劑等調配而成。

材料(3-4人分)

馬鈴薯…2顆
蒜片…3顆
鹽…2小匙
油…2大匙

調味醬料｜高湯…150ml
　　　　｜白醋…40ml
　　　　｜糖…2大匙

準備

混和調味醬料；馬鈴薯切絲泡冰水。

作法

❶ 取一炒鍋，放入熱油，蒜片拌炒，放入馬鈴薯片炒至透明狀。(a)
❷ 加入調味醬料，放入鹽收乾，以香草裝飾盛盤。(b)

Point

● 馬鈴薯切絲後泡冰水，以去除澱粉質，如此炒出來的馬鈴薯口感較脆。

Recipe

13 涼拌蔥油筊白筍

無添加 NOTE

蔥油通常是用豬油、鵝油或是其他油脂和紅蔥頭油炸過後的油。選購時除了要確認是否有添加物外，也應慎選其使用的油品。其實可以依上述方式在家小量製作，冷凍保存。

材料(2-3人分)

筊白筍…3根
大蒜…5顆
紅椒(裝飾用)…少許

調味醬料
| 醬油…2小匙 |
| 高湯…1大匙 |
| 蔥油…1大匙 |
| 醋…300ml |
| 鹽…2小匙 |
| 香油…少許 |

準備

混和調味醬料；大蒜打成泥；將筊白筍燙熟後切塊，泡冷水冰鎮。(a)

作法

❶ 筊白筍與蒜泥混合，加入調味醬料拌勻。
❷ 放入冰箱冷藏約20分鐘即完成。

a

Point
▼

● 筊白筍冰鎮後的口感甜脆，避免因為加熱過度而使筊白筍失去口感。

14 開陽白菜

無添加 NOTE | 曾有報導中國的蒜頭有使用化學物質除蟲、增白、增大，而近期有發現其透過第三地進口至台灣。因此建議使用台灣當地的蒜頭，香氣豐富，且相對安全。

材料(2人分)

白菜心…1 顆
蝦米…5g
大蒜…5 顆
鹽…2 小匙
油…3 大匙

調味醬料
　酒…10ml
　太白粉…2 大匙
　高湯…200ml
　香油…少許
　鹽…2 小匙

準備

混和調味醬料；蝦米泡過。

作法

❶ 取一鍋，熱油，放入大蒜、蝦米炒香，加入白菜心拌炒。(a)
❷ 加入調味醬料煮滾後，轉小火稍作收乾即完成。(b)

Point
▼

● 可以加入其他食材，如干貝、香菇、紅蘿蔔等蔬菜提味會更加美味。

Recipe

15 時蔬捲餅

自家製醬料

美乃滋→ P.033

無添加 NOTE

市售的墨西哥餅皮，因麵粉半成品的關係，多少都有漂白劑等添加物，可直接使用無添加或有機麵粉自己做餅皮，冷凍保存。餅皮還可以用作早餐的蛋餅和牛肉捲餅等。

材料(2人分)

雞胸肉…30g
番茄…1顆
洋蔥…1/4顆
高麗菜…10g
巴西里…1條
墨西哥餅皮…2片
美乃滋…4大匙
鹽(鹽罐)…少許

準備

雞胸肉燙熟，剝成雞絲；蔬菜洗淨、番茄切片、洋蔥、高麗菜切絲，巴西里切碎。

作法

❶ 將餅皮抹上美乃滋，放上雞胸肉、番茄、洋蔥、高麗菜絲和巴西里，鹽罐轉一圈，將餅皮捲起即完成。(a)

Point
▼

● 可隨意換成自己喜愛的醬料或蔬菜，都非常美味。

a

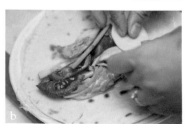
b

Chapter 4・蔬食

161

16 醃紫高麗菜

無添加 NOTE　在這道菜色中，醃製讓口感生硬的紫高麗變得美味。台灣目前已有農民種植紫高麗菜，選用當地種植的食物，可避免食用空海運送過程中需加入的防腐添加物。

材料(4人分)

紫高麗菜…1顆
鹽…5g

調味醬料
- 醋…300ml
- 糖水…350ml
- 蜂蜜…100ml
- 鹽…2小匙

準備

混和調味醬料。

作法

❶ 紫高麗菜洗淨切絲，加鹽拌勻，靜置20分鐘後沖水洗掉鹽分，去除澀味。

❷ 將去鹽味的紫高麗與調味醬料混和，冷藏醃製2小時即完成。(a)

Point

- 鹽雖可以去澀味，但一定要洗淨，否則醃製出來的紫高麗菜會過鹹。
- 可將家裡摘種的新鮮薄荷或是手工果醬加進調味醬料，會呈現不同的風味。

17 糖醋白蘿蔔

無添加 NOTE 過度偏白且發亮的白蘿蔔，可能是經過漂白而成，如果擔心的話，可以先削皮再食用。帶點黃色的蘿蔔皮或還有泥土在上面的蘿蔔，是選擇的依據之一。

材料(4人分)

白蘿蔔…1條
鹽…5g
新鮮紫蘇葉…3片
調味醬料| 醋…300ml
糖水…400ml
鹽…2小匙

準備

混和調味醬料；紫蘇葉切絲。

作法

❶ 白蘿蔔洗淨切塊，加鹽拌勻，靜置20分鐘後沖水洗掉鹽分，去除澀味。(a)

❷ 將去鹽味的白蘿蔔與調味醬料混和，放上紫蘇葉，冷藏醃製1小時即完成。

Point
▼

● 紫蘇葉也可以換成綠紫蘇葉。
● 糖水的製作方式為糖：水＝1:1。

Recipe

01 青醬蛋炒飯

自家製醬料

青醬→ P.030

無添加 NOTE 市面上非手作的青醬有些會加入香精、色素、稠化劑、防腐劑等添加物,所以最好選擇市售無添加的青醬或是自己在家手作青醬都非常方便。

材料(1人分)

豬肉絲…50g

蛋…1顆

大蒜…2顆

洋蔥…1/8顆

紅椒…1/8顆

青醬…2大匙

鹽…1小匙

糖…1小匙(可不加)

藜麥飯或白飯…1碗

橄欖油…3大匙

醃料
| 醬油…2大匙
| 太白粉…1大匙
| 香油…少許

準備

大蒜切片;用醃料醃漬豬肉絲約10分鐘。

作法

❶ 起一平底鍋開大火,放入油,在鍋中打蛋並將蛋攪散。放入肉絲稍作拌炒,再放入大蒜片、洋蔥、紅椒拌炒。(a)

❷ 加入白飯拌炒均勻後放入青醬攪勻,加入鹽攪拌均勻即完成。(b)

Point

● 炒飯一定要先炒蛋和足夠的油量,碎蛋可以讓飯和飯中間成為緩衝,飯粒不會黏在一起;米飯吸夠油,飯才會粒粒分明,才能炒出油亮好吃的炒飯。

Recipe
02 南瓜海鮮燉飯

無添加 NOTE　一般會用鮮奶油讓燉飯吃起來更滑順，為了避免添加物，可以使用牛奶來代替鮮奶油。也可以自行製作南瓜泥及高湯（請見P.039）。

材料(1人分)
洋蔥…1/8顆
大蒜…2顆
生米或野米…100g
小管…1/4隻
蝦子…5隻
蛤蠣…5顆
鹽…1小匙
紅椒絲(擺飾)…少許
橄欖油…2大匙

A｜南瓜…1/2小顆
　｜高湯…250ml
　｜牛奶…50ml

準備
先水煮南瓜到熟爛或用電鍋放半杯水，將南瓜煮熟，將A與高湯用調理機打好備用。大蒜切片、洋蔥切丁；處理小管；蝦子剝殼。

作法
❶ 起一平底鍋開大火，放入油，放入洋蔥、大蒜片和A。(a)
❷ 加入生米拌炒均勻，讓湯汁收稍乾，再加入海鮮、鹽攪拌均勻即完成。(b)(c)
❸ 用紅椒絲和香草裝飾盛盤即完成。

Point
▼

● 家中若有種植迷迭香、奧瑞岡、百里香等香草都可以撒少許在燉飯內一起煮，增添風味。
● 傳統燉飯用的是義大利野米，在這裡改成白米，方便家庭主婦取得食材。
● 野米的米心會偏硬，可視喜好選擇。

Recipe

03 雞肉親子丼

無添加 NOTE | 這道菜的無添加物重點在於太白粉、醬油、香油。其中的太白粉就像一般的粉類產品，添加物都會比較多，不過市面上也有有機或天然的太白粉產品可供選擇。

材料(1-2人分)

雞腿肉…1隻
洋蔥…1/8顆
蛋…2顆
大蒜…2顆
橄欖油…3大匙
鹽…1小匙
白飯或藜麥飯…1碗

醃料	醬油…2大匙
	太白粉…1大匙
	香油…少許

調味醬料	醬油…2大匙
	高湯…100ml
	糖…1小匙

準備

將雞腿肉切塊，用醃料醃漬約10分鐘；將蛋打成蛋液；大蒜切片。

作法

❶ 起一平底鍋開大火，放入油，放入大蒜片、洋蔥拌炒，加入雞腿肉拌炒，再加入調味醬料。(a)

❷ 轉小火收乾，放入蛋液，關火，蓋起鍋蓋，稍作燜熟。(b)

❸ 盛飯，放上炒好的雞肉即完成。(c)

a

b

c

Point
▼

● 親子丼滑溜美味的祕訣在於蛋液放入後要快速關火，燜熟蛋液。

Recipe

04 滷肉飯

無添加 NOTE　蛋除了飼料添加物的問題外，也傳出芬普尼殺蟲劑的汙染事件，因此最好選用市面上可靠蛋商的蛋、有機蛋或是有認證標章的產品。

材料(5人分)

帶皮五花肉…300g

蛋…3顆

大蒜…4顆

辣椒…1根

高湯…1000ml

橄欖油…3大匙

調味醬料
| 冰糖…50 g
| 醬油…200ml
| 米酒…50ml
| 香油…少許
| 鹽…少許

準備

混和調味醬料；蛋冷放入水中，水滾後煮8分鐘取出，置於冷水去蛋殼備用。

作法

❶ 將帶皮五花肉切成大小0.5cm的正方形備用。(a)

❷ 取一陶鍋，放入油、蒜片，放入帶皮的五花肉炒香。

❸ 依序放入辣椒、蛋、高湯（分三次加入），大火煮滾後，轉小火慢慢熬煮約1小時上色即完成。(b)

a

b

Point

▼

● 五花肉可稍微冰凍1小時，待有點硬度，比較容易切。

● 如果怕辣，可不放辣椒。

Chapter 5 · 米食 · 麵條

Recipe
05 海鮮粥

⬤ **無添加 NOTE** 在市場購買透抽，部分商家會泡磷酸鹽增加保水度，保鮮增大，因此選購時要特別留意透抽的顏色是否為透明水亮，表皮有光澤，摸起來是否為正常黏液的手感，或是也可以向熟悉或可靠的商家購買。

材料（2 人分）

薑絲…30g
蛤蠣…10顆
淡菜…4個
蝦子…6隻
透抽…50g
米酒…20ml
蔥…1支
鹽…3小匙
香油…少許
油…2大匙

A｜白飯…1碗
　｜高湯…200ml
　｜水…500ml

準備

將A混和；蝦子剝殼、透抽洗淨剝皮切塊；蔥切成絲。

作法

❶ 取一鍋放入飯、水、高湯熬煮到米飯變成稀飯。
❷ 放入薑絲煮滾，依序放入蛤蠣、淡菜、蝦仁、透抽、米酒，煮滾，放入鹽、香油，蔥絲擺盤即完成。(a)

Point
▼

● 如果要港式口感的稀飯，可以使用隔夜的冷凍飯來煮。
● 可以加入芹菜讓口感更豐富。
● 煮稀飯時，中間要不停攪拌，以免黏鍋。

Recipe

06 電鍋番茄燉飯

自家製醬料

番茄醬→ P.032

無添加 NOTE

早期曾發生工廠排放重金屬廢水，造成稻米受到重金屬汙染或是農藥殘留的事件，以鎘米事件最為人知，選用米飯，需注意產地，或是認明有認證標章的產品。

材料(2人分)

米…1杯
洋蔥…1/4顆
番茄…1顆
蘑菇…4顆
巴西里…少許
蝦子…6隻
小管…1/2隻
番茄醬…2大匙
高湯…1.5杯
鹽…2小匙
油…2大匙

準備

將米洗淨，洋蔥、番茄切丁、蘑菇切片、巴西里切碎；蝦子剝殼，小管去除內臟切丁。

作法

❶ 起一鍋熱油，放入洋蔥、番茄拌炒，放入米和番茄醬炒香，加入高湯。(a)

❷ 加入蝦子、小管、蘑菇、巴西里和鹽放入電鍋，煮到電子鍋跳起即可；如使用大同電鍋的話，則是1杯水，煮至跳起即完成。(b)

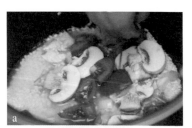

Point
▼

● 蘑菇會吸水，請勿用水洗，可剝皮去除灰塵。
● 煮飯的過程中，可以開鍋翻動米飯，讓燉飯更稠。

Recipe

07 中式海鮮燴飯

無添加 NOTE

進口洋蔥通常為了抑制發芽、滅菌和食物保存，在出口前會照射 X-射線及伽馬射線，大量的輻射恐怕會造成不孕或是細胞病變，因此可以選擇在地農產洋蔥即可避免輻射及食物里程的問題，在地的食材也較新鮮。

材料(2人分)

蝦子…6隻
透抽…1/3條
青椒…1/4顆
紅椒…1/4顆
蘑菇…2顆
洋蔥…1/4顆
蒜片…3顆
蔥…1支
白飯或糙米飯…2碗
香油…少許
油…4大匙

調味醬料
| 太白粉…1大匙
| 黑醋…1大匙
| 高湯…300ml
| 鹽…3小匙
| 糖…1大匙

準備

將蝦子剝殼，中間劃刀；透抽去外皮，切塊狀；紅椒、綠椒、洋蔥切丁、蘑菇切片、蔥切段；混和調味醬料。

作法

❶ 取一鍋熱油，放入蒜片、洋蔥爆香，再加入紅椒、青椒、蘑菇炒到半熟。(a)

❷ 加入調味醬料煮滾，放入蝦子、透抽，煮到蝦子顏色變粉紅，放入飯拌炒，放上蔥，淋上香油即完成。(b)

Point

● 蝦子和透抽下鍋前，一定要解凍完全，避免還是冷凍的狀態丟入，造成肉質遇熱過度收縮變硬。另外，少用微波爐解凍，因為水分容易蒸發，破壞食材鮮味，食物風味也會走味。建議直接用水沖到解凍或是常溫解凍。

Recipe

08 泰式紅咖哩海鮮飯

自家製醬料

泰式紅咖哩醬 → P.030

無添加 NOTE

市售椰奶多有乳化劑、防腐劑、香精等，越濃稠的添加物越多。在東南亞當地居民，通常會將椰子剖開取出椰仁和椰汁，打成汁過濾後就是無添加椰奶，可冷藏保存5天。

材料(2人分)

馬鈴薯…1/2顆
大蒜…3顆
洋蔥…1/2顆
茄子…1/4條
香菜…少許
九層塔…10片
蝦子…6隻
油…3大匙
水…400ml

調味醬料
泰式紅咖哩醬…3大匙
純椰奶…100ml
魚露…20ml
紅糖…2大匙

準備

混和調味醬料；大蒜切片、馬鈴薯去皮，切塊、洋蔥、茄子切塊。

作法

❶ 取一鍋熱油，放入洋蔥，大蒜片炒香。

❷ 放入馬鈴薯炒過，加水煮滾，確認馬鈴薯煮熟後放入茄子、香菜、九層塔。(a)

❸ 加入調味醬料攪拌均勻，蝦子放入煮熟即完成。

Point

● 椰奶放入鍋中需攪拌均勻，以免油水分離。

● 這道食譜用的是台灣產的茄子，而泰國當地則是使用一種綠色的小茄子，吃起來非常美味。如果買得到的話也可以嘗試看看。

Recipe
09 墨式紅椒明蝦飯

無添加 NOTE

為了避免香料化學合成添加物，月桂葉及迷迭香等香草，可以自己在家種植，隨著季節採收。部分香草為一年生草類植物，在種植一年後自然會出現老死，這是正常現象，依照季節培育就有用不完的新鮮香草。

材料(2人分)

明蝦…6隻
紅椒…2顆
洋蔥…1/4顆
蘑菇…2顆
西洋芹…1根
香菜…少許
小番茄…20顆
大蒜…3顆
辣椒…1根
迷迭香…少許
月桂葉…2片
白酒…40ml
優格(可不加)…50ml
橄欖油…4大匙
白飯…2碗

A
橄欖油…40ml
水…50ml
鹽…2小匙

調味醬料
高湯…300ml
鹽…3小匙

準備

將A混和；混和調味醬料；明蝦剝殼，中間劃刀；洋蔥切丁、大蒜、蘑菇切片、西洋芹、香菜切段。

作法

❶ 紅椒、辣椒去籽，小番茄對半切加入A，放入烤箱預熱8分鐘，220℃烤8分鐘取出，將所有烤熟的食材放入調理機打成泥。

❷ 取一鍋熱油，放入蒜片、洋蔥爆香，加入白酒拌炒，依序加入❶和調味醬料、迷迭香、月桂葉煮滾，轉小火熬煮約5分鐘，放入明蝦和優格攪拌均勻即可佐飯享用。(a)(b)

Point

● 因每台烤箱的溫度不同，因此烤紅椒和番茄的熟度，掌握在微焦即可，如此紅椒的甜度和香氣就會有一種烤熟的風味，才能精準呈現墨西哥菜的味道。

● 迷迭香可以換成奧瑞岡或巴西里。

● 放入優格讓味道更滑順，不加優格也可以。

Recipe

10 韓式泡菜拌飯

自家製醬料

泡菜→ P.029

泡菜→ P.029

無添加 NOTE

豆芽菜通常是在密閉陰暗的空間內栽培，因為這樣的環境下無法行光合作用就會長的比較白，因為容易繁殖，所以比較沒有農藥問題。但是有可能會加入些生長激素或採收後使用漂白水，讓豆芽菜看起來又白又粗。 如果要挑選只靠種子養分的豆芽菜，就要找莖部較為細瘦，顏色呈現自然淺褐色的。

材料(4人分)

雞胸肉…50g

豆芽…10g

小黃瓜…1/4條

紅蘿蔔…10g

蛋…1顆

泡菜…50ml

白飯或糙米飯…1碗

鹽…少許

油…2大匙

A｜泡菜醬汁…2大匙
　｜香油…少許

準備

汆燙雞胸肉，切絲；豆芽洗淨，汆燙；小黃瓜、紅蘿蔔切絲；起鍋熱油，放入蛋，用鹽煎到熟。

作法

❶ 取一大碗，放入糙米飯，依序放上雞胸肉絲、泡菜、小黃瓜絲、紅蘿蔔絲、豆芽。(a)

❷ 放上蛋，淋上泡菜醬汁即完成。(b)

Point

● 要做出漂亮的太陽蛋，技巧在於煎蛋時，旁邊微焦即可熄火，讓餘溫將蛋熱熟。

a

b

Recipe

11 日式雜炊飯

部分商家會為了賣相而將海帶浸泡化學添加物，因此在挑選時應選擇具硬度、表面光滑無黏液、無異味為佳。顏色應為墨綠色，太鮮艷或太鮮綠都可能被加工過，最好避免購買。

材料(2人分)

南瓜…1/4顆
杏鮑菇…1條
四季豆…8條
米…2杯

調味醬料
| |
高湯…600ml
海帶…1片
米酒…20ml
醬油…1大匙
味醂…1大匙
鹽…2小匙

準備

米洗淨；將南瓜、杏鮑菇切塊狀、四季豆去絲備用。

作法

❶ 將海帶泡開與調味醬料熬煮成2杯水的分量。
❷ 將南瓜、杏鮑菇、四季豆、米、和❶混和。(a)(b)
❸ 放入電子鍋內煮，等待跳起，翻動一下，讓飯和食材拌勻即完成。

Point
▼

● 炊飯可以依季節更換當季食材製作。

泰式綠咖哩
海鮮義大利麵

自家製醬料

泰式綠咖哩醬→ P.030

無添加 NOTE

義大利麵的原物料是麵粉,部分的麵粉通常在製作成產品時就已添加漂白劑、防腐劑、膨鬆劑和氫氧化鈉,增強麵糰的強度與筋性。義大利麵最好選用有機無添加物的產品,目前市售或大賣場已可以找到有機義大利麵等產品。

材料(1人分)

大蒜…2顆
洋蔥…1/8顆
白酒…5ml
番茄…1/2顆
高湯…200ml
小管…1/2隻
泰式綠咖哩醬…2大匙
九層塔…少許
香菜…少許
椰奶…50ml
魚露…5ml
糖…1大匙(可不加)
橄欖油…2大匙

A ┃ 義大利麵…150g
　 ┃ 鹽…1小匙
　 ┃ 橄欖油…1大匙

準備

大蒜切片;處理A:起一鍋熱水,水滾放入一匙鹽,放入義大利麵攪散煮約3分鐘,取出和橄欖油混和備用。

作法

❶ 取一平底鍋,放入橄欖油,加入蒜片、洋蔥炒到焦黃和透明,加入白酒、番茄和高湯。(a)

❷ 依序加入義大利麵、小管、綠咖哩醬、九層塔、香菜、椰奶、魚露和糖收乾即完成。(b)

Point
▼

● 小管煮熟後,可先取出,以免過熟變硬。
● 預煮義大利麵,切勿煮過熟,以免煮麵時過爛。

Recipe

13 番茄肉醬義大利麵

自家製醬料

紅椒醬→ P.031

無添加 NOTE 料理所使用的絞肉，最好購買肉條，請肉商將肉塊絞成絞肉，而不是直接購買絞好的肉，以避免無良肉商將其他的組織碎肉混入銷售。

材料(2人分)

豬絞肉…30g

牛絞肉…30g

義大利麵條…2球

洋蔥…1/4顆

紅椒…1/4顆

番茄…1/2顆

豌豆…6片

紅酒…20ml

橄欖油…3大匙

大蒜…4顆

新鮮百里香(乾燥百里香)…2小把

調味醬料｜紅椒醬…4大匙

高湯…200ml

鹽…2小匙

準備

義大利麵預煮3分鐘；洋蔥切丁、番茄、紅椒切塊、大蒜切片、豌豆去絲；混和調味醬料。

作法

❶ 取一鍋放入油、蒜片、洋蔥炒香，放入番茄、紅椒、絞肉和紅酒炒香，加入調味醬料和麵條。(a)(b)

❷ 放入鹽調味，收乾即完成。

Point

● 義大利麵通常會混用豬絞肉和牛絞肉作為肉醬，風味更為美味。

a

b

Recipe

14 台式炒米粉

無添加 NOTE

之前曾爆發米粉不純的食安議題，在選購時，最好確認成分標示，選擇純米粉或是玉米澱粉製成的產品。純米烘乾的米粉顏色偏黃，也是選擇的依據之一。此外，油蔥的添加物問題在於混加麥麩皮（假的油蔥酥），消費者比較難去辨識，建議選擇信用良好的品牌購買。

材料((2-3人分)
豬肉絲…200g
米粉…100g
高麗菜…1/4顆
紅蘿蔔…1/4根
木耳…2片
香菇…4朵
芹菜…2根
大蒜…2顆
乾蝦米…2大匙
蔥…1支
油蔥酥…少許
香菜…少許

醃料｜ 醬油…1大匙
｜ 太白粉…1小匙
｜ 香油…少許

調味醬料｜ 高湯…300ml
｜ 黑醋…2大匙
｜ 醬油…1大匙
｜ 香油…少許
｜ 鹽…2小匙

準備
豬肉絲用醃料醃製10分鐘；香菇用熱水泡過；高麗菜、紅蘿蔔、木耳、香菇洗淨，切絲；大蒜切片。

作法
❶ 米粉煮好備用。(a)
❷ 取一鍋熱油，放入蒜片，蔥、蝦米、油蔥酥、香菇炒香，加入豬肉炒約8分熟，豬肉先取出備用。(b)
❸ 放入高麗菜、紅蘿蔔、木耳、芹菜、再加入米粉、豬肉和調味醬料收乾，最後放上香菜即完成。(c)

Point
▼

● 煮米粉的方式：將米粉放入熱水煮1分鐘或1分30秒泡開，剪成適當的大小，炒的時候才不會過熟。
● 有機純米粉比較容易熟，不須先預煮，最好在料理前先了解調理方式。

Chapter 5・米食・麵條

193

15 大滷麵

無添加
NOTE

豬肉重組肉可由外觀、肌理纖維、口感嚼勁辨識出來。因摻有接著劑等添加物，用重組肉煮出來的湯或菜有時會呈現出粉狀，或是肉塊分離。最好自行購買肉塊回家切絲，較能避免買到重組肉。

材料(3人分)

豬肉絲…50g
蝦子…5隻
洋蔥…1/8顆
木耳…1片
大白菜…50g
紅蘿蔔…1/8顆
大蒜…3-4顆
蛋…2顆
麵條…1把
水…700ml
油…2大匙

A | 太白粉…1小匙
| 醬油…1小匙
| 香油…1小匙

調味醬料 | 醬油…1大匙
| 醋…2小匙
| 高湯…100ml
| 太白粉…1大匙
| 香油…1小匙
| 鹽…1小匙
| 糖…2小匙

準備

將豬肉絲放入A拌勻；混和調味醬料；蝦子去殼，取出腸泥；洋蔥、木耳、大白菜、紅蘿蔔切絲、大蒜切片；蛋打成蛋液。

作法

❶ 取一鍋熱油，放入大蒜片、洋蔥、木耳、大白菜、紅蘿蔔炒香後，放入水，將食材熬煮到熟透。

❷ 放入有機麵和調味醬料煮滾，放入肉絲煮熟後，加入蛋液，湯煮滾後即完成。(a)

a

Point
▼

● A的太白粉需攪拌均勻後再放入，否則容易結塊。另外，放入的時機在於水微滾的時候，倒入後需再攪拌均勻。

Recipe
16　牛肉麵

無添加 NOTE　中藥陳皮的香氣可以提升菜色的層次和風味。自己DIY也非常簡單又可以避免添加物，冬季將橘皮洗淨取出，切塊狀，放在水果烘乾機烘烤，或是放在太陽下日曬直到乾燥為止，還可冷藏保存。

材料(3-4人分)
牛腩…4條
洋蔥…1/2顆
紅蘿蔔…1條
大蒜…5顆
薑片…6片
蔥…1支
米酒…50ml
滷包或陳皮…1個
油…3大匙
麵條…2球

調味醬料
| 醬油…100ml
| 高湯…300ml
| 水…400ml
| 糖…1大匙
| 鹽…2小匙

準備
混和調味醬料。牛腩一條切成5小塊；蔥切成段、洋蔥切丁、紅蘿蔔切塊、大蒜去皮。

作法
❶ 取一鍋熱油，放入整顆大蒜、薑片、蔥段，洋蔥拌炒爆香。放入牛腩拌炒，加入紅蘿蔔、米酒。(a)

❷ 將調味醬料倒入鍋內，放入滷包或陳皮，大火煮滾後轉小火，煮約30分鐘。(b)

❸ 起另一鍋，將水煮滾，放入麵煮約5分鐘，撈起放入大碗，舀入牛肉湯即完成。

Point
● 牛肉的軟嫩度隨個人的喜好，可以自己調整烹煮時間。

Recipe

17 炸醬麵

無添加 NOTE

市售麵條的添加物包括改良澱粉、增白劑、防腐劑等物質，讓麵條口感更滑、更白、更有彈性、更耐放。目前市面上已有有機麵條可選購。若家裡有製麵機的話，也可在家自行製作後冷凍保存。

材料(2-3人分)

豬肉絲…50g
大蒜…2顆
板豆腐…1塊
木耳…1片
紅蘿蔔…30g
小黃瓜…10g
蔥花…少許
油…3大匙
麵…3球

醃料
| 醬油…1/2大匙
| 太白粉…3小匙
| 香油…少許

調味醬料
| 醬油…1大匙
| 高湯…200ml
| 糖…1小匙
| 鹽…1/2小匙

準備

將A混和，放入豬肉絲醃製10分鐘；混和調味醬料；大蒜切片、板豆腐切丁、木耳切絲、紅蘿蔔切丁、小黃瓜切絲。

作法

❶ 取一鍋熱油，放入蒜片、豬肉絲拌炒，依序放入紅蘿蔔、木耳、板豆腐炒香，加入調味醬料稍作收乾即完成肉醬。(a)

❷ 取一鍋熱水，水滾，放入麵條煮5分鐘撈起，加入肉醬，放上小黃瓜、蔥花即完成。

Point
▼

● 豬肉絲也可以改成絞肉製作。

自家製醬料

珠蔥醬→ P.034

Recipe

18 珠蔥拌麵

無添加
NOTE

珠蔥醬的作法非常簡單,可以從原料到醬料自種自製。紅蔥頭就是珠蔥的種子,將紅蔥頭放入盆栽內,約3星期即可已採收,與油脂打成醬分裝作成醬料冷凍保存,可以避免市售使用香精、劣質油脂的問題。

材料(1人分)

蛋…1顆
麵條…1把
鴻喜菇…1/4包
四季豆…5片
聖女番茄…3顆

調味醬料
珠蔥醬…1大匙
大蒜…1小匙
醬油…2小匙
醋…2小匙
高湯…100ml
香油…1小匙

準備

混和調味醬料。

作法

❶ 起一熱水鍋,將蛋放在較大的湯匙,放入熱水內煮約4分鐘即成水波蛋,取出備用。(a)
❷ 汆燙鴻喜菇和四季豆1分鐘取出。
❸ 煮麵約3-4分鐘,確認適合的熟度,取出與調味醬料混和。
❹ 擺上鴻喜菇、四季豆、聖女番茄、水波蛋即完成。(b)

Point
▼

● 麵煮好後需儘快與醬料混和,以免結塊。

a

b

Recipe

01 豆腐海鮮羹

無添加 NOTE

羹湯類的無添加物重點最主要還是在太白粉和香油的選用（相關訊息請見：太白粉、香油 P.041）。另外，高湯也是另一個重點。（高湯作法請見：P.039）

材料(4-5人分)

小管…1小隻

蝦子…10隻

蛤蠣…10顆

豆腐…1盒

筍子…1/2支

紅蘿蔔…1/4條

香菇…3朵

蛋…1顆

蔥末…1大匙

薑末…1大匙

蒜末…1大匙

雞高湯…500ml

水…1000ml

鹽…2小匙

糖…1小匙

米酒…10ml或少許

香油…少許

A ┃ 太白粉…2大匙
　 ┃ 水…50ml

準備

將A混和拌勻；蛋打成蛋花；將小管洗淨，剝皮，切成圈狀；蝦子去殼，切成塊狀；香菇去梗，切成丁狀、紅蘿蔔切成丁狀；豆腐切成塊狀。

作法

❶ 取一鍋，將高湯和水連同筍子放入煮滾，待筍子煮熟，取出放涼，切成丁狀，高湯備用。

❷ 高湯加入蔥末、薑末、蒜末，煮滾，依序放入筍子、紅蘿蔔、香菇、蛤蠣、小管、蝦子、豆腐、米酒等食材煮滾，加入太白粉、蛋花、鹽、糖即可熄火，最後加入香油即完成。(a)

Point

● 使用陶鍋來熬煮這道湯品，美味加分。

● 海鮮避免煮太久，口感不佳。

02 紅白蘿蔔丸子湯

一般的太白粉是用樹薯或馬鈴薯所製成，且市面上絕大部分都含有物理或化學處理的修飾澱粉，這是為了增加穩定性及解決老化糊化等的問題。實際上台灣最早的太白粉原料是用「葛鬱金」，現在有不少有機通路都可以買到這種天然的太白粉了。

材料(3人分)

粗豬絞肉…300g
紅蘿蔔…1/2條
白蘿蔔…1小條
雞高湯…500ml
水…500ml
鹽…2小匙

A
- 蛋…1顆
- 細蔥…2匙
- 細薑…2匙
- 蒜末…2大匙
- 太白粉…2大匙
- 麵粉…1大匙
- 香油…少許
- 鹽…2小匙

準備

將粗豬絞肉和A拌勻，稍作手工揉捻拍；將紅白蘿蔔切塊，或是切成楓葉狀，作為擺盤備用。(a)(b)

作法

❶ 起鍋，放入高湯和水煮滾，放入紅、白蘿蔔煮約10分鐘，煮滾轉小火。
❷ 待紅白蘿蔔煮熟，轉大火，在滾熱狀態放入肉丸子。(c)
❸ 丸子定型後，轉小火，放入鹽調味即完成。

Point

▼

● 使用陶鍋或是鑄鐵鍋來熬煮這道湯品，美味加分。
● 可加入其他海鮮：如干貝、蛤蠣，增添風味。

03 蒜頭雞湯

無添加 NOTE ｜ 蒜頭雞湯是一道簡單又美味的湯品，無添加物、全食材的湯品，只需小火熬煮2小時，即可享用。

材料(3人分)

全雞⋯1隻
剝皮大蒜⋯1斤
油⋯3大匙
蔥⋯2支
薑片⋯5片
米酒⋯20ml
鹽⋯4小匙
水⋯蓋滿食材

作法

❶ 取一鍋放入生全雞，放入蔥、薑、米酒，注水滿過食材，汆燙洗淨雞的血塊。大火煮開後，將雞取出倒掉水。(a)

❷ 取一湯鍋大火熱油，放入剝皮蒜頭，炒到透明焦黃，加入水和汆燙後的全雞。(b)

❸ 大火煮滾，轉小火，熬煮約2小時，肉質呈現骨肉分離，即可加鹽，起鍋。(c)

a

b

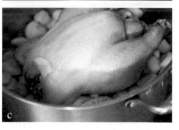
c

Point

● 使用陶鍋或是鑄鐵鍋來熬煮這道湯品，美味加分。

● 熬煮2小時過程之間若水變少的話，可以直接加水再熬煮。

● 享用完剩下的湯，可留下來冷凍作為高湯使用。

Recipe

04 蕃茄牛肉湯

自家製醬料
番茄醬→ P.032

無添加 NOTE 這道菜色除了醬油、香油等調味料（相關訊息請見：醬油 P.041、香油 P.042）之外，無添加物番茄醬也是重點，如果找不到無添加物的番茄醬，可以自行製作。

材料(5人分)

牛腩…600g
番茄…6顆
洋蔥…1顆
紅蘿蔔…2條
蔥段…100g
薑片…50g
大蒜…5顆
橄欖油…2大匙

A
番茄醬…50ml
冰糖…100g
醬油…100ml
米酒…10ml
香油…少許
鹽…少許
高湯…500ml
水…500ml

準備

紅蘿蔔、洋蔥去皮，切塊；將A混和；番茄洗淨後用刀在底部切十字，取一鍋煮水，汆燙番茄後去皮，切塊。

作法

❶ 取一鍋熱油，將牛腩煎過，取出。放入蔥、薑、蒜、洋蔥炒過，再放入牛腩、番茄、紅蘿蔔微炒。(a)

❷ 加入A慢火熬煮約1.5-2小時，直到牛腩變軟即完成。(b)

Point
▼

● 番茄放越多，味道越鮮美。

05 明目菊花枸杞雞湯

無添加 NOTE　市售枸杞子在烘乾的過程中很容易變成紅黑色的,因此市售顏色過於鮮豔紅色,有可能添加漂白劑增色或為了縮短烘乾時間有些會添加化學添加物處理,因此選購時要特別注意。

材料(2-3人分)

帶骨土雞腿⋯1隻
蔥⋯1支
薑⋯3片
蘋果⋯1顆
米酒⋯20ml
有機乾燥菊花⋯20朵
有機枸杞⋯20g
白蘿蔔⋯1/2條
蓮藕片⋯10片
鹽⋯3小匙

準備

將蘋果削皮;取熱水一鍋,放入蔥、薑,將雞腿汆燙去血水。

作法

❶ 將陶鍋或鑄鐵鍋注滿水,放入汆燙好的雞腿肉、蘋果、米酒、菊花、枸杞,煮滾後慢火熬煮1小時。

❷ 放入白蘿蔔、蓮藕慢火熬煮30分鐘,放入鹽即完成。

Point

● 可加入黃耆或紅棗等中藥材調配補氣。

06 竹筍蛤蠣排骨湯

無添加 NOTE

市售有些竹筍為了保鮮，處理時會添加二氧化硫等物質，因為若顏色非常亮白，有刺鼻味出現，則避免購買，最好選擇新鮮帶皮的竹筍。

材料(4人分)

排骨…600g
竹筍…1支
雞高湯…500ml
水…1000ml
薑片…5片
米酒…10ml或少許
蛤蠣…15顆
鹽…2-3小匙
香油…少許
蔥花…1大匙

準備

將竹筍煮熟去殼，切長條狀；排骨汆燙備用。(a)

作法

❶ 取一鍋，放入高湯和水，放入薑片、排骨、竹筍大火煮滾。(b)

❷ 轉小火，加入米酒約30分鐘，放入蛤蠣、鹽、香油熄火，放上蔥花即完成。

Point
▼

- 竹筍要帶殼水煮，才能鎖住筍肉的水分與甜味。
- 用冷水煮筍子，加熱的過程中能保有竹筍的鮮甜；用滾水煮的話會使竹筍毛細孔緊縮，苦味留在竹筍內。

Chapter 6・湯品・鍋物

Recipe

07 酸辣湯

無添加 NOTE

酸辣湯的材料雖然都是天然食材，但也需要好好挑選。需注意豆腐可能有化學消泡劑和防腐劑的問題；優質的木耳烏黑、無光澤、無異味。如有刺鼻味，可能使用二氧化硫類薰過。

材料(4-5人分)

豬肉絲…200g
香菇…4朵
竹筍…2條
紅蘿蔔…1/2根
木耳…2片
豆腐…1盒
蛋…2顆
蔥絲…少許
雞高湯…500ml
水…1000ml
鹽…2-3小匙
油…3大匙
香油…少許

醃料
| 醬油…1匙 |
| 太白粉…1匙 |
| 香油…少許 |

調味醬料
| 太白粉…1大匙 |
| 醬油…2大匙 |
| 烏醋…2大匙 |
| 糖…1大匙 |
| 水…100ml |

準備

豬肉絲用醃料醃製約10分鐘；香菇用熱水泡過切絲；竹筍用冷水煮熟，去殼，切絲；紅蘿蔔、木耳切絲；蛋打成蛋花；豆腐切長條狀。

作法

❶ 取一鍋熱油，放入筍絲、紅蘿蔔、木耳、香菇絲炒香。(a)
❷ 放入高湯和水煮滾，轉中火，放入豬肉絲攪拌，加入豆腐、蛋花、轉小火，加入調味醬料和鹽、香油熄火，放上蔥花即完成。(b)

Point

● 加入太白粉須慢慢加入攪拌，以免結成團狀。

a

b

Recipe
08 馬鈴薯濃湯

無添加 NOTE

市售的牛乳，除了一定要認明「鮮乳標章」，另一方面也要特別注意有效日期，因為殺菌溫度及無菌包裝的程度不同而有不同的保存期限。基本上越是高溫的殺菌方式可以有越長的保存時間隨溫度越高營養的完整性越低，可以依據自己的需求來挑選。

材料(2-3人分)
馬鈴薯…2顆
洋蔥…1/2顆
白酒…10ml
百里香或香料…少許
水…蓋滿食材
鹽…2小匙
牛奶…300ml
橄欖油…3大匙

準備
洋蔥、馬鈴薯去皮，切大塊。

作法
❶ 取一鍋熱油，放入洋蔥炒到透明焦黃，放入白酒，增加香氣。
❷ 加入馬鈴薯持續拌炒，加入水，蓋滿食材即可。大火煮到滾後轉小火蓋上鍋蓋煮約10-15分鐘，煮至馬鈴薯軟嫩即可熄火放涼。
❸ 將煮好的湯用調理機打過，倒回鍋中，放入牛奶，加鹽調味，再放入百里香或香料即完成。(a)

Point
▼

● 這道湯品最重要的步驟在於將洋蔥和馬鈴薯炒香，如果火侯炒得不夠，就無法呈現馬鈴薯的濃郁氣味。

Recipe

09 蓮藕排骨湯

無添加 NOTE　蓮藕的挑選和一般蔬果一樣要最好能看到完整的樣貌，削了皮的蓮藕，會有泡藥水漂白的疑慮。

材料(2-3人分)

排骨…6根
蓮藕…1支
蔥…1支
薑…3片
米酒…20ml
鹽…4小匙
水…蓋滿食材

準備

取一鍋熱水，排骨用蔥和薑煮沸去血水，取出排骨，洗淨備用；蓮藕去皮切片。(a)

作法

❶ 取一鍋水放入子排、米酒、蓮藕大火煮滾後，轉小火煮約2小時，中間需要不斷加入水，最後加入鹽調味熄火。(b)

Point
▼

● 如果找得到無添加物的金華火腿，可以放入5片與其他食材一起熬煮，湯頭的風味會更有層次。

Recipe
10 曇花雞湯

無添加
NOTE

雞在食用的時候，盡量將雞皮取下，藥物和農藥通常會殘留在皮下脂肪，因此應該盡量避免食用。

材料(2-3人分)

土雞…半隻
蔥…1支
薑…3片
曇花3朵或火龍果花…10朵
米酒…20ml
鹽…4小匙
蔥花…少許盤飾
水…蓋滿食材

準備

取一鍋熱水，半雞用蔥和薑煮沸去血水，將雞肉取出，洗淨備用。

作法

❶ 取一鍋水放入雞肉和米酒，熬煮約1小時，再放入曇花繼續熬煮1小時，煮至湯頭變得濃郁之後熄火。(a)
❷ 放上鹽、紅椒和蔥花盤飾即完成。

a

Point

● 可以在起鍋前10分鐘加入蛤蠣提味，味道更鮮美。
● 早期很多家庭會種植曇花，因此在曇花或火龍果花開過後，隔天會摘下煮湯品。目前在季節時大市場可以購買得到，或是可以到中藥行買乾燥的花朵。

Recipe

11 蘿蔔海帶排骨湯

材料(2-3人分)

排骨…6根
蔥…1支
薑…3片
白蘿蔔…1/2根
海帶…50g
海菜…5g
米酒…20ml
高湯…300ml
鹽…4小匙

準備

取一鍋熱水,排骨用蔥和薑煮沸去血水,將排骨取出,洗淨備用。白蘿蔔去皮切塊;海帶泡軟。(a)

作法

❶ 取一鍋水放入排骨、米酒、白蘿蔔熬煮約30分鐘,再放入海帶繼續熬煮20分鐘,加鹽調味即完成。(b)

Point
▼

● 這道湯品加了高湯之後,讓原本較為清淡的排骨海帶湯更為濃郁。

a

b

Recipe

12 南瓜濃湯

無添加 NOTE　有些南瓜湯食譜會使用麵粉打稠，然而麵粉的添加物眾多，最好還是避免添加比較好。濃湯基本上只要使用真正的食材即可呈現濃稠狀，像是馬鈴薯就取代麵粉的功能，煮出濃稠度夠又清甜的湯品。

材料(2人分)

南瓜…1/2顆
洋蔥…1/2顆
白酒…20ml
馬鈴薯…1顆
水…300ml (或蓋滿食材)
牛奶…100ml
鹽…2小匙
油…2大匙

準備

將切塊南瓜烤熟或蒸熟；洋蔥切塊、馬鈴薯去皮，切塊。

作法

❶ 取一鍋熱油，放入洋蔥炒到透明狀，放入白酒、馬鈴薯、南瓜拌炒。

❷ 加入水，蓋滿食材煮滾後，轉小火蓋上鍋蓋熬煮10分鐘，待馬鈴薯熟透即可熄火。(a)

❸ 將煮好的湯用調理機打過，倒回鍋中，放入牛奶，加鹽調味即完成。(b)(c)

a

b

c

Point

● 南瓜如果要用烤的話，可預熱220℃約烤8-10分鐘。

Chapter 6・湯品・鍋物

Recipe 13 蟹黃海鮮羹

無添加 NOTE　市售的加工蟹棒有些並沒有蟹肉成分在裡面，而是以魚漿、澱粉和調味料或是卡德蘭膠製成，因此在選購蟹肉時，最好直接購買新鮮或冷凍蟹肉腳。

材料(3-4人分)

蝦子…6隻
冷凍蟹肉腳…30g
淡菜…4個
蛤蜊…10顆
牡蠣…50g
薑末…30g
紅蘿蔔…1/2根
米酒…20ml
板豆腐…1塊
高湯…200ml
水…400ml
竹筍…1支
洋蔥…1/2顆
鹽…3小匙
蔥花…少許
油…2大匙

A ┤ 太白粉…1大匙
　　水…100ml
　　香油…少許

準備

將A攪拌均勻；蝦子剝殼、海鮮洗淨；將紅蘿蔔刨成紅蘿蔔泥；板豆腐切丁、竹筍切塊。

作法

❶ 起一鍋熱油，加入薑末拌炒，放入紅蘿蔔泥炒香，加入米酒、筍塊、豆腐。(a)
❷ 在❶加入水和高湯大火熬煮，依序加入海鮮，放入A勾芡煮滾，加鹽調味，放上蔥花即完成。(b)

Point
● 海鮮下鍋到熄火的火侯要抓好，以免海鮮過熟變硬。

Recipe
14 海鮮泡菜鍋

自家製醬料

泡菜→P.029

無添加 NOTE　有些遠洋蝦子在上船後都會添加化學藥物幫助保存，選購當地無毒養殖或是打撈的新鮮蝦子可避免掉添加物的風險，目前在台灣已有些無毒蝦子品牌可以選購。

材料(2-3人分)

大白菜…1/4顆
洋蔥…1/4顆
大蒜…3顆
木耳…2片
南瓜…6片
鴻喜菇…1/2包
豆腐(板豆腐)…1/2塊
蝦子…10隻
蛤蜊…10顆
水…500ml
油…3大匙

A │ 泡菜…200g
　│ 高湯…300ml
　│ 糖…1大匙
　│ 香油…1小匙
　│ 鹽…3小匙

準備

將A混和；將大白菜洗淨切段、洋蔥、木耳切絲、大蒜、豆腐、南瓜切片、鴻喜菇切去根部。

作法

❶ 取一陶鍋熱油，依序加入洋蔥、大蒜片炒香，放入大白菜、木耳、南瓜攪拌炒至微熟。(a)

❷ 放入A和水煮滾，加入鴻喜菇、豆腐煮熟，放入蝦子、蛤蜊煮熟即完成。(b)

Point
▼

● 手工泡菜因發酵會越放越酸，建議將泡菜冷凍，有料理需要時再取出使用。

15 凍豆腐味噌煮

無添加 NOTE　為了方便保存，部分業者會在豆腐內添加防腐劑等添加物，若是買得到純手工的有機豆腐，可以買多一點，分裝好，冷凍保存就可以變成凍豆腐。

材料(2人分)

凍豆腐…1塊
紅蘿蔔…6片
蘆筍…4支
花椰菜…1/4朵
蘑菇…6朵
豌豆…10片
洋蔥…1/4顆
蔥…1支
油…2大匙

調味醬料
| 高湯…200ml
| 水…500ml
| 海帶…5g
| 味噌…3大匙
| 糖…1大匙

準備

混和調味醬料；海帶熬煮30分鐘；洋蔥切絲；紅蘿蔔切成星狀；蘆筍和蔥切段；蘑菇切成1/4等分；花椰菜切成朵狀；豌豆去絲；凍豆腐切丁。

作法

❶ 取一鍋熱油，放入洋蔥爆香，放入調味醬料，再依序放入凍豆腐、紅蘿蔔、蘆筍、花椰菜、蘑菇、豌豆煮滾，轉小火煮10分鐘即完成。(a)(b)

Point ▼

● 這道菜的豆腐和洋蔥可以依季節放入不同菜色，如南瓜、白蘿蔔等。

Recipe
01 WISKEY烤香蕉

自家製醬料

香草精→ P.040

無添加 NOTE

台灣盛產香蕉，除了直接吃之外，也可以加以烘烤，再加上香料調味，就能吃出不同的風味。也可以避免為了保存顏色、味覺和食物里程上所需要的添加物，健康又美味。

材料(2人分)

香蕉…兩條
威士忌酒…40ml
肉桂…少許
香草精…5ml
核桃…20g
檸檬…1顆
白糖…1匙

作法

❶ 檸檬榨汁；香蕉對切，放入烤盤。(a)
❷ 撒上檸檬汁、威士忌酒、肉桂、核桃、香草精、白糖備用。(b)
❸ 烤箱預熱220℃10分鐘，將香蕉放入烤箱烤10分鐘即完成。

Point

● 烤的時間要看香蕉的狀態，只要熟透即可取出。
● 白糖的部分可以改成黑糖、椰糖，會有不同的風味。

Recipe 02 香草布丁

自家製醬料

香草精→ P.040

無添加 NOTE

市面上販售的布丁內容物可能多達10 幾種以上，添加物也很多。但其實布丁是非常容易製作的甜點，主要的材料除了確認蛋的來源外，牛奶也要特別挑選，大多數越濃越香的牛奶，都是經過再加工的，選購時要多注意。

材料(4人分)
蛋…4顆
白砂糖…60g
牛奶…400ml
香草精…20ml

作法
❶ 將蛋打成蛋液，過篩備用；將牛奶和白砂糖混和均勻。
❷ 將蛋液和牛奶混和，加入香草精攪拌均勻，倒入杯中，蓋上鋁箔紙。(a)
❸ 在電鍋中放入半杯水，放入布丁蛋液，蒸煮約10-15分鐘即可取出，用牙籤確認是否熟透。

a

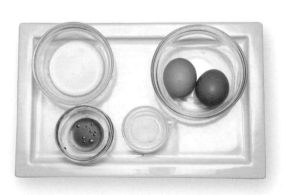

Point
▼

● 如蛋液表面上有氣孔，可用叉子輕輕將氣泡除去。
● 牛奶和白砂糖可以隔水加熱，混和更完全。

03 全麥麵包

無添加 NOTE　全麥麵粉要注意有些業者使用麩皮的「假全麥」製品,真正的全麥麵粉必須完整包含麩皮、胚乳、胚芽3種成分。近年來無添加物的風行,市面上已有有機自磨的全麥麵粉方便大家選購。

材料(4人分)

高筋麵粉…600g
全麥麵粉…100g
酵母…7g
溫水…400ml
鹽…1匙
糖…3大匙

作法

❶ 烤箱預熱220℃或最高溫度約10分鐘,將酵母和溫水泡開備用。

❷ 麵粉、全麥麵粉、鹽、糖混和備用。

❸ 將❶與❷混和,使用攪拌機中速攪拌約5分鐘。(a)

❹ 放入冰箱冷藏1小時取出,分成70g/1顆,揉成圓形,放在烤盤烘焙紙上。(b)

❺ 放進烤箱220℃烤約3分鐘後,180℃10分鐘即可取出,確認麵團是否成熟即完成。

Point

● 剛開始烤的溫度較高,會讓麵包的外層較為酥脆而內軟。

Recipe

04 玫瑰蘋果派

自家製醬料

檸檬果醬→ P.037

無添加 NOTE

奶油在甜點製作中是不可避免的，但有少數奶油添加濃厚的香精，所以味道非常香濃；曾做過比較，法國高級奶油相對乳味單純，且添加物較少。為了避免添加物的問題，這道食譜將奶油改為用椰子油製作。

材料(5人分)

蘋果…5顆
糖粉…100g
中筋麵粉…1/4杯
檸檬果醬…4大匙
糖…1大匙
椰子油…150g
冰水…2大匙

作法

❶ 烤箱預熱180℃10分鐘備用。蘋果切片，放入微波爐微波1分鐘。

❷ 椰子油（冷藏後呈現凍狀）與中筋麵粉混和，加入糖、冰水，用手輕輕混和，再用保鮮膜包起來，放在冰箱1小時鬆弛。

❸ 取出將派皮桿開放入烤模中，叉子叉洞，取一張烘焙紙，放上烤石，烤約15分鐘，待派皮熟透備用。(a)

❹ 派皮抹上檸檬果醬，將蘋果片捲起來像玫瑰花一般，放入派皮中，直到全部裝滿。再放入烤箱烤約20分鐘取出，撒上糖粉即完成。(b)(c)

Point
▼

● 可以將蘋果微波到軟，會比較好捲成型。
● 因為使用椰子油製作的關係，餅皮會比較乾。

Recipe 05 柳橙優格蛋糕

自家製醬料

糖漬柳橙片→ P.038
香草精→ P.040

無添加 NOTE

一般蛋糕都需要泡打粉、蘇打粉、奶油、鮮奶油等添加物來快速發酵或增加香氣和柔軟度。這款蛋糕則運用發酵粉和自製優格等無添加物的材料來製作，一樣可以做出美味可口的蛋糕。

材料（4人分）

中筋麵粉…150g
蛋…3顆
優格…100ml
細白砂糖…150g
椰子油…50g
香草精…20ml
柳橙皮和汁…1顆
糖粉…200g
酵母…1小匙

作法

❶ 烤箱預熱180℃10分鐘，準備蛋糕模具，在模具內層上一層油，再黏上烘焙紙備用。(a)

❷ 柳橙汁和糖粉攪拌均勻備用。

❸ 將蛋打發呈白色狀，加入白砂糖、椰子油、優格、香草精攪拌均勻。(b)

❹ 加入麵粉持續攪拌混和，加入柳橙皮即可倒入蛋糕模具，發酵40分鐘。(c)

❺ 等待蛋糕發酵完成，放入烤箱約180℃烤40分鐘，使用牙籤確認蛋糕是否熟透，即可取出脫模，淋上❷，擺上糖漬柳橙片即完成。

Point

● 發酵時間不可過長，以免氣孔過大。
● 放入優格會增添蛋糕體的柔軟度，但會出現微酸的味道。

自家製醬料

香草精→ P.040

無添加 NOTE　這道甜點完全使用香草和香料取代香精,純正的香料增添了法式甜點的香氣。

材料(4人分)

紅色西洋梨…2顆
紅酒…500ml
薑片…4片
香茅…1枝
柳橙…1顆
薰衣草…5枝
香草精…20ml
糖…100g

準備

西洋梨子去皮,切片、薑去皮切片,柳橙去皮備用。(a)

作法

❶ 取一梅森罐放入梨子、薑、紅酒、香茅、柳橙皮、薰衣草、香草精、糖醃製。(b)

❷ 冷藏醃製一晚即完成食用。(c)

Point

▼

● 梨子吃完後,剩下的紅酒可以煮沸變成香料酒飲用。

(此梅森罐由激安殿堂提供 www. gapl.com.tw)

Recipe
07 夏日花卉凍

無添加
NOTE

石花菜是天然的食材，產在台灣金山、三芝的海岸邊，適合取代吉利丁片和果凍粉來製作果凍。雖然有特殊的味道，但使用其他食材即可蓋掉海帶的風味，很方便的無添加膠質物，建議可以多加使用在其他菜色上。

材料(2人分)

石花菜…5g
新鮮薰衣草…3朵
天使薔薇…3朵
薄荷…3片
冰糖…20g
水…300ml

作法

❶ 取一鍋子，放入石花菜和水煮滾，放入冰糖，轉小火熬煮10分鐘。(a)

❷ 過濾掉石花菜，將石花凍少量慢慢放入玻璃碗中，放入薰衣草、天使薔薇、薄荷等香草。(b)

❸ 再找一小過於原來的碗，輕輕將小碗放入大碗中，讓花草不會浮起來，放入冰箱冰鎮凝結。取下小碗，再倒入第二次，將小碗的地方填滿，冷藏30分鐘，倒出石花菜凍即完成。(c)

a

b

c

Point
▼

● 如果倒第二次石花菜凍已凝結，可小火加熱即可回復液體狀。
● 香草可換成水果等食材，會有不同的風味。

08 烤肉桂蜂蜜蘋果

無添加 NOTE 台灣目前在梨山上還有產少量的蘋果，大多數還是仰賴進口，而大多數的蘋果在進口時會塗蠟，因此清洗時可用溫水或醋洗淨。台灣蘋果產季為 8-12 月，建議儘可能購買本地的蘋果，減少食物里程和水果蠟的問題。

材料(2人分)

蘋果…2顆
肉桂…少許
蔻豆…少許
葡萄乾…5g
楓糖…40ml
蘭姆酒…40ml
麥片…少許

作法

❶ 將蘋果洗淨，切去蒂頭備用(蘋果蓋子)，將蘋果肉挖出備用。(a)

❷ 將挖出來的蘋果與葡萄乾、肉桂、荳蔻、楓糖、蘭姆酒、麥片混和。

❸ 將混和好的餡料，填回蘋果之中，蓋上蘋果蓋子，將蘋果用鋁箔紙包起來。(b)

❹ 預熱烤箱，220度10分鐘，將蘋果放入烤箱，烤約15-20分鐘即完成。

Point

- 挖蘋果肉時，請避免將蘋果挖破。
- 可以自製長條形狀的派皮，以格狀方式擺放在蘋果上，再進烤箱烤15分鐘，就能烤出如蘋果派一般的風味。

Recipe
09 鬆餅

自家製醬料

香草精→ P.040

無添加 NOTE　市面上鬆餅大多添加蘇打粉、泡打粉和香精等，這道鬆餅食譜，則是用優格和酵母粉來製作，避免添加物的問題。

材料(2人分)
中筋麵粉…250g
糖…200g
蛋…3顆
優格…50ml
牛奶…100ml
酵母粉…3g
香草精…20ml
油…20g

作法
❶ 蛋打發發白黃色，依序加入糖、奶油、優格、牛奶和酵母粉混和。(a)
❷ 加入中筋麵粉攪拌均勻，倒入香草精，等待發酵備用。(b)
❸ 在鬆餅機上抹上油，將鬆餅糊放入，蓋上蓋子，烤到燈亮取出。
❹ 盛盤，放上蜂蜜和水果即可。

Point
▼

● 麵糊請當天使用完畢，避免隔夜使用，造成發酵過度。

a

b

Recipe
10 紫米椰奶粥

無添加 NOTE

冰糖要注意中國業者曾違規添加使用工業的漂白劑，非常嚴重。因此在選購時要注意品牌、出產國家、製造日期、商標和生產批號等，以免買到從中國進口的不良冰糖，最好還是選購台灣產的冰糖。

材料(1人分)
紫米…300g
冰糖…200g
椰奶…250ml
水…1500ml

作法
❶ 將紫米浸泡1小時。
❷ 倒掉水，加入水，大火煮滾，轉小火慢慢熬煮紫米。(a)
❸ 紫米煮30鐘後，紫米呈現爆開、軟爛，再加入冰糖，攪拌均勻。
❹ 關火，倒入椰奶即完成。

Point
▼

● 煮紫米時要不停的攪拌，以免燒焦黏鍋。
● 紫米的米心要煮得夠熟，口感才會好。
● 這道甜品冷熱皆宜，也可以加入番薯、湯圓等其他食材。

Recipe

01 水果優格冰棒

市售的冰棒有些為了香氣、口感和顏色,會加入香精、色素、起雲劑,在家自製無添加物的冰棒非常簡易,只要使用新鮮的水果、牛奶、優格、蜂蜜就可以做成冰棒了。

材料(2人分)

無糖優格…200ml

柳橙…1/2顆

葡萄…4顆

蜂蜜…50ml

作法

❶ 將柳橙去皮(包含白色薄膜),切丁;葡萄對切備用。

❷ 將優格放入蜂蜜中攪拌均勻,倒入模具約6分滿,可倒滿約4個。(a)

❸ 在模具中放入柳橙、葡萄,插入4根木籤即可。(b)

Point
▼

● 有時優格做太多吃不完,這是一個處理掉優格很好的方式。

Recipe

02 檸檬翡翠飲

無添加 NOTE

這道飲品有著檸檬皮的特殊香氣，不須添加香精，味道就令人非常驚艷。因需要使用到果皮，因此最好購買有機檸檬作為材料。

材料(2人分)
檸檬…3顆
冰糖…100克
冰塊…600m

作法
❶ 將檸檬洗淨切塊，在調理機中放入冰糖、冰塊和檸檬。(a)
❷ 攪打至完全看不出果粒，成為細緻的果泥即完成。

Point
▼

● 完成之後要馬上飲用，
避免飲料氧化變苦。

a

b

Recipe

03 玫瑰熱奶茶

自家製醬料

玫瑰花瓣醬→ P.036

無添加 NOTE

玫瑰花香甜是昆蟲最愛的食物，市面上曾爆發出玫瑰花茶的原料驗出11種農藥殘留超過安全容許標準，玫瑰花原料驗出DDT，因此選購玫瑰鮮花或是乾燥花最好購買可食用的無農藥玫瑰。

材料(2人分)

牛奶…500ml
紅茶包…3包
白砂糖…20g
玫瑰花瓣醬…2大匙

作法

❶ 取一鍋用中火，放入牛奶和茶包一起煮，煮滾後轉小火煮至呈現茶色為止。(a)

❷ 加入白砂糖後熄火，和玫瑰花瓣醬混和即完成。

Point

● 煮牛奶時避免火侯太大，否則牛奶很容易溢出。

● 需加糖調和，沒有糖的口感會偏鹹。

Recipe

04 綠茶檸檬飲

無添加 NOTE　市面上販售的綠茶茶包，純綠茶的顏色較淡，香氣也較為清香；如添加香精則茶的顏色鮮艷，香氣濃厚。

材料(1人分)

綠茶包…2包
檸檬…1/2顆
新鮮紫蘇葉…5片
紅糖…2大匙(可自行調整甜度)
鹽…1大匙
熱水…300ml
冰塊…少許

作法

❶ 檸檬榨汁備用；將綠茶包放入熱水中泡開後，加入新鮮紫蘇葉泡出味道，再加入紅糖攪拌均勻。(a)

❷ 將冰塊放入雪克杯中，放入泡好的綠茶和檸檬汁，搖至食材充分混和。

❸ 取一杯，放入鹽，將杯口抹鹽後，放入❷，擺上香草稍微攪拌即完成。(b)

Point
▼

● 可將杯子先冰凍過，再裝飲料，風味更佳。

Recipe
05 蝶豆香草氣泡飲

無添加 NOTE　蝶豆花富含青花素，是天然的食品染色劑，加入酸性物質就會變成紫紅色，可以做出魔術般的變色飲料。

材料(1-2人分)
蝶豆花…6朵
檸檬…1/2顆
檸檬汁…20ml
糖水…3大匙(可自行調整甜度)
熱水…200ml
冰氣泡水…500ml
芳香萬壽菊…1支
冰塊…加到滿杯

作法
❶ 檸檬切片備用。
❷ 取一玻璃杯，放入蝶豆花，加入熱水，將蝶豆花泡開。(a)
❸ 加入冰塊、氣泡水和糖水攪拌。
❹ 加入檸檬片和冰塊，倒入檸檬汁，放上芳香萬壽菊裝飾即完成。

a

Point
▼

● 蝶豆花加入檸檬汁後可以讓原本的藍色呈現紫紅色的分層效果。

Recipe

06 西瓜薄荷氣泡飲

無添加 NOTE

市售的氣泡水有天然氣泡水和人工二氧化碳打氣的氣泡水可以選擇，這道食譜使用的是天然氣泡水，氣泡口感較為細緻。

材料(1人分)

西瓜汁…200ml
白砂糖…2大匙
新鮮薄荷葉…10片
氣泡水…300ml

作法

❶ 將西瓜汁和白砂糖混和，放入長條形製冰盒中冷凍2小時備用。(a)

❷ 使用矽膠攪拌棒的背面搗薄荷葉，將薄荷葉香氣搗出，取一杯子，放入處理好的薄荷葉。

❸ 加入西瓜冰棒，倒入氣泡水，裝飾薄荷葉即完成。

Point
▼

● 可以加入切片小黃瓜片或Gin（琴酒），變化風味。

a

b

Recipe
07 紅酒迷迭香冰飲

無添加 NOTE 紅酒曾爆出業者使用調製的方法來製作紅酒（酒精、香精、糖精、蒸餾水），或是加果汁、水稀釋的「非純釀造酒」，因此選購時要特別注意。

材料(1人分)
紅酒…200ml
柳橙…1顆
柳橙皮…少許
肉桂粉…少許
糖水…20ml
迷迭香葉…1枝
冰塊…加到滿

作法
❶ 將柳橙皮刨出，擠出柳橙汁備用。(a)
❷ 在紅酒加入柳橙汁、柳橙皮、肉桂粉和少許迷迭香葉。(b)
❸ 加入糖水、冰塊，裝飾迷迭香即完成。

Point
● 加熱喝的話，即成為熱紅酒香料飲品，很適合在耶誕節飲用。

Recipe
08 紫蘇柑橘飲

無添加
NOTE

市面上販售的蜂蜜有些是加上高濃度化學糖漿、增稠劑、糖水、色素香料等的調味蜂蜜，若是純蜂蜜的話則風味略帶發酵味、液體不透光，並存有氣體和氣泡的狀態。

材料(1人分)
檸檬…1顆
葡萄柚…100ml
新鮮綠紫蘇葉…10片
蜂蜜…2大匙(可自行調整甜度)
紅糖水…1大匙
水…200ml
冰塊…少許(加到滿杯)
迷迭香葉…1枝
小番茄…1串(3顆)

作法
❶ 將新鮮綠紫蘇葉洗淨；檸檬1/2顆榨汁、1/2顆切片；葡萄柚擠汁備用。
❷ 取一鍋子，放入熱水，加入綠紫蘇葉熬煮，水滾煮5分鐘即可。(a)
❸ 取一杯子，放入熬煮好的紫蘇水和紫蘇，加入蜂蜜、紅糖攪拌。(b)
❹ 加入葡萄柚汁、檸檬汁、檸檬片和冰塊攪拌，裝飾迷迭香葉、番茄即完成。

Point
▼

● 綠紫蘇可以換成紫蘇。

a

b

Finger Food

中式菜色也能變身開胃小點

食物是凝聚家人和友誼的接著劑，而無添加又美味的食物更可以讓餐桌增色不少。
本單元將常見的中式菜色，
利用小餐具如酒杯、中式茶杯、甜點杯、醬料碟、湯匙、
叉子、大片葉子（甜羅勒葉）等擺盤，
讓滷肉飯、日式照燒豬排、山東滷牛肉、涼拌川味大白菜等
也能變身成為精彩的開胃小點（fingerfood），令人食欲大開。

橙香排骨
recipe_p.048

鳳梨蝦球
recipe_p.104

宮保雞丁
recipe_p.072

醋溜魚片
recipe_p.088

雞肉親子丼
recipe_p.170

青醬蛋炒飯
recipe_p.166

麻婆豆腐
recipe_p.130

沙茶牛肉炒空心菜
recipe_p.082

乾煸四季豆
recipe_p.144

苦瓜鹹蛋
recipe_p.140

涼筍沙拉
recipe_p.138

紅白蘿蔔丸子湯
recipe_p.204

山東滷牛腱
recipe_p.080

涼拌川味大白菜
recipe_p.146

日式照燒排骨
recipe_p.046

蕃茄牛肉
recipe_p.208

涼拌蛋皮小黃瓜
recipe_p.110

糖醋雞丁
recipe_p.076

泰式青木瓜絲
recipe_p.142

京醬肉絲
recipe_p.058

日式雜炊飯
recipe_p.186

台式炒米粉
recipe_p.192

五味透抽
recipe_p.106

日式馬鈴薯燉排骨
recipe_p.050

PART 3

節慶派對大餐，照樣無添加

春、夏、秋、冬不同的季節，有著不同的慶祝方式，食物在這些節日扮演著帶動歡樂的角色。像是春節的佛跳牆、芙蓉螃蟹；耶誕派對的迷迭香烤雞、香料肋排，甚至是中秋烤肉也照樣無添加，讓這些與家人、好友相聚的時光，都有健康又溫暖的食物相伴。

春・新年圍爐！

吃當地當季食材，吃澎湃無添加年菜過好年

春節的食材大部分都是乾貨、海鮮、部分加工製品做成年菜，因此在選材上香菇、干貝、蝦米類要注意烘乾的過程中是否有添加不當的添加物。最好選用台灣當地的食材，選購時要注意顏色、香氣等不要過於鮮豔和過香。盡量自己處理半成品，如筍片、海帶、蒜末等，另外，最好以台灣當令的農產作為年菜，不僅新鮮也能避免掉大多數的添加物。

Topic 1

02 中式烤雞

06 佛跳牆

03 石頭火鍋

05 清蒸海鱸

04 芙蓉螃蟹

01 十全十美炒時蔬

01 十全十美炒時蔬

材料(6-8人分)

芹菜…30g
紅蘿蔔…1/2顆
金針菇…1包
木耳…3片
紅椒…1/2顆
豌豆…15片
洋蔥…1/2顆
蘆筍…1把
美白菇…1包
大蒜…5顆
油…4大匙
A | 高湯…200ml
  | 鹽…4小匙

準備

大蒜切片、芹菜、金針菇、蘆筍切段、紅蘿蔔、木耳、洋蔥、紅椒切絲；豌豆去絲；美白菇去蒂頭備用。

作法

❶ 取一鍋放入油，放入大蒜、洋蔥拌炒，依序放入紅蘿蔔、木耳炒半熟再加入芹菜、金針菇、蘆筍、紅椒、豌豆、紅椒、芹菜拌炒。

❷ 加入A，收乾即完成。

Point!

★ 可夾入燒餅之中，非常美味。

★ 過年時，可以放在冰箱冷藏，當作冷菜出菜。

02 中式烤雞

材料(4-6人分)

全雞…1隻
花椒粒…少許
八角…5顆
黑胡椒…1小匙
大蒜…5顆
蔥…2支
鹽…3小匙
A | 薑末…1小匙
  | 蒜末…1小匙
  | 醬油…4大匙
  | 紹興酒…50ml
  | 冰糖…2大匙
  | 香油…1大匙
  | 蜂蜜…2大匙

準備

蔥1支切段、1支切絲；將花椒、八角、黑胡椒、大蒜、蔥段抹在全雞上，最後全部塞入全雞的肚子；將A混和，分成兩半，一半塗抹在全雞上，冷藏醃製2小時，另一半備用。

作法

❶ 烤箱預熱10分鐘220度（烤箱最高溫度），將全雞包三層鋁箔紙。

❷ 大約烤50分鐘，打開烤雞，再刷上一層醬料，再烤5-10分鐘，依上色程度決定。

❸ 取出剁成大塊，淋上鋁箔紙內的雞油，擺上蔥絲即完成。

Point!

★ 包鋁箔紙時，雞和鋁箔紙之間需留些空隙，以免雞皮黏住鋁箔紙。

03 石頭火鍋

材料(4人分)

豬肉片…1盒
洋蔥…1/2顆
番茄…1顆
豆腐…1個
蚵…10個
鴻禧菇…1包
金針菇…1包
玉米…1條
淡菜…5個
蝦子…5隻
大白菜…1/4顆
油…3大匙
A 高湯…1000ml
　　鹽…3小匙

準備

將A混和；洋蔥切絲、番茄、豆腐切塊；蚵洗淨；鴻喜菇、金針菇切掉蒂頭備用。

作法

❶ 在石頭火鍋中放入油，和洋蔥炒香，加入肉片、白菜、A、番茄、豆腐、金針菇、玉米熬煮湯頭，煮滾後轉小火。
❷ 慢慢再加入蝦子、蚵、淡菜煮滾即完成。

Point!

★ 如果水太少，可以隨意加入水或其他食材享用。

04 芙蓉螃蟹

材料(4人分)

紅蟳…1隻
蛋…4顆
洋蔥…1顆
大蒜…4顆
米酒…少許
油…3匙
辣油…少許
醃料 麵粉…50g
　　　油…500ml
調味醬料 醬油…1大匙
　　　　高湯…200ml
　　　　烏醋…1大匙
　　　　紹興酒…少許
　　　　糖…1大匙
　　　　鹽…2小匙

準備

將A混和；蛋打成蛋液；洋蔥切絲、大蒜切片；螃蟹切塊，用麵粉封住切口的地方，再放入鍋中油炸，切口部位封起來即可起鍋備用。

作法

❶ 取一鍋熱油，放入洋蔥和蒜片爆香，放入螃蟹拌炒，加入A，稍作收乾。
❷ 倒入蛋液，轉小火，快速拌炒，熄火盛盤，加上辣油即完成。

Point!

★ 炸螃蟹時，不需炸太久，只需將螃蟹的切口做封住即可，起鍋，炸太久，後面炒螃蟹會造成食材肉質過乾。
★ 這道料理的蛋非常美味，可以將蛋夾入法國麵包享用。

05 清蒸海鱸

材料(6-8人分)

鱸魚…1條
油
蔥(盤飾)…少許
薑(盤飾)…少許
蒜(盤飾)…少許

醃料	鹽…2小匙
	蔥…1條
	薑…5片
	米酒…20ml

調味醬料	醬油…1大匙
	烏醋…1大匙
	糖…1/2大匙
	鹽…2小匙

A｜油…100ml

準備

鱸魚用醃料醃製15分鐘，並把蔥、薑放入鱸魚的肚子醃製；將調味醬料混和。

作法

❶ 在鍋中放入鐵架駕高，放入熱水800ml(可使用蒸籠)，將醃製好的鱸魚放在盤子上，放入鍋中蒸，水滾後蒸約15分鐘左右即可。

❷ 取出魚，剛蒸魚的高湯倒入碗內和調味醬料混和，再倒回魚上，擺放蔥絲、薑絲、辣椒絲在魚上備用。

❸ 取一鍋倒入A加熱後，直接倒在蒸好的魚上即完成。

Point!

★ 確認魚是否蒸熟的方式為將筷子直接搓入魚中，如果可以快速穿過，表示已熟透；相反的，如果無法穿入，則再繼續蒸熟。

06 佛跳牆

材料(6-8人分)
大白菜⋯1/4顆
香菇⋯5片
排骨⋯300g
干貝⋯10顆
竹筍⋯1顆
豬蹄筋⋯50g
魚皮⋯50g
鳥蛋⋯10顆
芋頭⋯1/2顆
大蒜⋯10顆
蓮子⋯50g
油(炸油)⋯500ml
水⋯蓋滿食材

醃料
醬油⋯2大匙
太白粉⋯1大匙
香油⋯少許

調味醬料
醬油⋯1大匙
高湯⋯200ml
烏醋⋯1大匙
紹興酒⋯少許
糖⋯3小匙
鹽⋯2小匙

Point!
★ 可依自己喜好加入適合的菜色，如紅棗、鮑魚等高貴食材。

準備
排骨用醃料醃製15分鐘；混和調味醬料。大白菜洗淨切段、香菇切絲，竹筍切片、豬蹄筋、魚皮切段；香菇、干貝泡水備用。

作法
❶ 鳥蛋、芋頭、排骨、大蒜放入炸鍋油炸備用。
❷ 取一個佛跳牆的甕，混入大白菜、香菇、干貝、竹筍、豬蹄筋、魚皮和❶。
❸ 倒入調味醬料，加水到超過食材，以鋁箔紙封住甕口，放入電鍋，外鍋加入❷杯水燉煮，電鍋開關跳起即完成。

夏 · 夏日野餐

Topic 2

多用蔬果涼泮和少油簡單料理，開心野餐去

在炎炎夏日裡，野餐的食材最好挑選新鮮的蔬果用簡單或少油的料理方式，再搭配自家製的醬料，製作涼拌、可以冷藏的食物。不但簡單方便，且蔬果去暑氣，食物也不容易在炎熱的夏季裡產生變質。麵包可以自行製作、選用法國麵包或較不含奶油的麵包。飲料部分可自行沖泡冷泡茶或其他簡單的飲品（請參考PART2 chapter8）到戶外享用。

01 日式鮭魚飯糰

02 水果果凍

03 雞肉玉米沙拉

05 雞肉鮮蔬小漢堡

04 涼拌海鮮筆管麵

01 日式鮭魚飯糰

材料(3人分)
米飯…1 1/2碗
鮭魚…1片
新鮮紫蘇葉…3片
鹽…1小匙

準備
將鮭魚去骨與鹽混和後，捏碎。

作法
❶ 飯與鮭魚混和，放入飯糰三角模具中壓成三角形飯糰。
❷ 自模型中取出，包上新鮮紫蘇葉，放入野餐盒。

Point!
★ 可將紫蘇葉泡水，讓葉子更新鮮，要吃飯糰前再包起來即可，葉子比較不會爛。

02 水果果凍

材料(3人分)
石花菜…30g
柳橙…1/2顆
蘋果…1/4顆
香草精…10ml(作法請見P.040)
糖…30g
水…600ml

準備
將柳橙皮刨出；柳橙削皮留下果肉；蘋果切成薄片。

作法
❶ 取一鍋放入水和石花凍熬煮，大火煮滾後轉小火，煮10分鐘，放入糖讓糖溶解。
❷ 取出石花菜，加入香草精、柳橙皮、蘋果片熄火，裝入杯子，冷卻後冷藏。

Point!
★ 口感較酸的水果如檸檬等，若放入石花菜中，果凍較不易結凍。

03 雞肉玉米沙拉

材料(3人分)

高麗菜絲…1/8顆

玉米…1條

雞胸肉…1副

調味醬料｜ 美乃滋…4大匙 (作法請見 P.033)
柳橙果醬…2大匙 (作法請見 P.037)
鹽…3小匙

準備

將調味醬料混和，裝瓶備用；雞胸肉燙過，剝成絲；玉米煮過將顆粒切下；高麗菜洗淨、切絲。

作法

❶ 取一保鮮玻璃盒，將高麗菜、雞絲、玉米混合，蓋上蓋子。

Point!

★ 生菜醬料等用餐時再加入，以免生菜爛掉。

04 涼拌海鮮筆管麵

材料(2人分)

有機筆管麵⋯300g

蝦子⋯6隻

小管⋯半隻

紫洋蔥⋯1/8顆

番茄⋯1個

小黃瓜⋯1/2條

百里香⋯少許

鹽⋯1小匙

調味醬料

紅醬⋯3大匙(作法請見P.031)

蒜泥⋯1/2大匙

鹽⋯2小匙

準備

混和調味醬料;取一鍋冷水將蝦子、小管燙熟備用;取一鍋熱水煮筆管麵,放入鹽,煮約6分鐘,沖冷水;紫洋蔥、番茄、小黃瓜切丁。

作法

❶ 將筆管麵、紫洋蔥、番茄、小黃瓜、蝦子、小管、百里香混和並加入調味醬料即可。

❷ 放入保鮮盒冷藏。

Point!

★ 筆管麵煮好後沖冷水,可以讓麵更Q彈。

05 雞肉鮮蔬小漢堡

材料(2人分)

雞絲⋯50g

番茄⋯2片

大黃瓜⋯2片

蘿蔓⋯1葉

小餐包⋯2個

A｜美乃滋⋯2大匙(作法請見P.033)
　｜花生醬⋯2大匙(作法請見P.038)
　｜鹽⋯1小匙

準備

將A混和。

作法

❶ 將小餐包對切用220度預熱後烤約2分
　鐘，抹上A。

❷ 依序放上大黃瓜、蘿蔓、番茄、雞絲，
　插上牙籤，放入野餐盒。

Point!

★ 如果不是馬上現吃，建議醬料和蔬菜分開放，
　帶到野餐現場再組合起來即可。。

Topic 3

秋・中秋烤肉

自製烤醬和天然飲品，進行真正食物烤肉PARTY

中秋烤肉除了肉和海鮮等碳烤材料，最重要的就是醬料、醬油和飲料的選擇，最好用自製烤醬和天然飲品，來一場真正食物的烤肉PARTY。此外，也要少吃加工食品丸子、豆干等加工製品，多用新鮮蔬菜作為碳烤食材，健康美味無添加物的中秋烤肉也能輕而易舉。

01 南瓜通心麵盅

02 柚香豬排

04 泰式烤雞翅

03 時蔬沙拉

07 烤金針菇

06 烤透抽海鮮串

08 烤鮮蚵

05 碳烤牛小排

01　南瓜通心麵盅

材料(2-4人分)

筆管麵…150g
南瓜盅…1個
南瓜泥…1/4顆分量
大蒜…2顆
洋蔥…1/4顆
紅椒…1/4顆
櫛瓜…1/4條
高湯…100ml
橄欖油…2大匙
鹽…1小匙

A | 百里香…少許
　 | 優格…100ml
　 | 鹽…1小匙

準備

❶ 大蒜切片；取一個南瓜，挖出所有的籽和南瓜肉，讓南瓜呈現中空狀備用；取1/4顆南瓜肉用電鍋蒸過打成泥，混合A備用。

❶ 取一鍋熱水燙筆管麵，放入鹽，煮約3分鐘，沖冷水備用；洋蔥、紅椒、櫛瓜切丁；將A混和A。

作法

❶ 取一鍋熱油，放入大蒜片和洋蔥拌炒，加入紅椒、櫛瓜、高湯和A，將筆管麵收乾。

❷ 將❶放入南瓜盅，烤約10分鐘即完成。

02　柚香豬排

材料(2人分)

帶骨豬排…6片

醃料 | 醬油…2大匙
　　 | 香油…少許

烤醬 | 糖…1大匙
　　 | 醬油…2大匙
　　 | 柚子醬…2大匙
　　 |（作法請見P.037）
　　 | 柚子皮…少許
　　 | 蒜泥…1小匙
　　 | 鹽…1小匙

準備

豬排用醃料醃製2小時；混和調味醬料。

作法

❶ 將豬排放在炭火上烤，來回反覆刷烤醬，直到烤熟為止。

Point!
★ 可以包生菜享用，解掉油膩。

03 時蔬沙拉

材料(3-4人分)

蘿蔓…4片
紫洋蔥…1/8顆
蘋果…1顆
番茄…1顆
核桃…50g

A｜
橄欖油…100ml
檸檬…2顆
蜂蜜…50ml
蒜泥…1/2大匙
香菜…1小珠
鹽…1小匙

準備

檸檬榨汁；香菜切碎。

作法

❶ 將A混和，用打蛋器攪打均勻，
呈現白霧狀。
❷ 蘿蔓洗淨、切塊、番茄、蘋果切
塊、紫洋蔥切丁，混和盛盤，放
上核桃。
❸ 待食用時，再淋上醬料。

Point!

★ 可依自己喜愛加入其他蔬果。
★ 沙拉醬需打到油水混合才可使用。

04 泰式烤雞翅

材料(2人分)

雞翅…4支
香茅…1把

醃料｜
醬油…2大匙
香油…少許

烤醬｜
魚露…1大匙
辣椒醬…1大匙
(作法請見P.034)
大蒜…5顆
檸檬…5顆
花生醬…2大匙
(作法請見P.038)
糖水…50ml

準備

大蒜磨泥；檸檬榨汁

作法

❶ 將醃料混合、香茅剁碎，攪拌均
勻，醃製雞翅1小時。
❷ 將雞翅放在炭火上烤，來回反覆
刷烤醬，直到烤熟為止。

Point!

★ 這道料理含有大量的檸檬，相當清
爽。對花生過敏的話，調製烤醬時可
不放花生醬。

05 碳烤牛小排

材料(3人分)
無骨牛小排…300g
鹽…2小匙
威士忌 …20ml
新鮮迷迭香…1小枝

作法
❶ 牛小排抹鹽,用威士忌醃製5分鐘。
❷ 將❶放在炭火上烤,烤熟即完成。

Point!
★ 牛小排可以選擇較薄片的肉,比較容易烤熟。
★ 肉質較好的牛排,不需過度調味,即非常美味。

06 烤透抽海鮮串

材料(3人分)
透抽…1隻
黃椒…1顆
竹籤…10支

烤醬 {
檸檬果醬…2大匙
(作法請見P.037)
醬油…1大匙
高湯…50ml
鹽…1/2小匙
}

準備
混和調味醬料;透抽洗淨、去皮、切塊、黃椒切塊。

作法
❶ 用竹籤將透抽和黃椒串起來。
❷ 放在炭火中烤熟,來回反覆刷烤醬,烤熟透即可。

Point!
★ 檸檬果醬非常適合調製成烤醬,可以解去油膩。

07 烤金針菇

材料(3人分)

金針菇…1把
鹽…1/2小匙
胡椒…少許
鋁箔紙…2張

作法

❶ 將鋁箔紙攤開，放入金針菇，
　加入鹽和胡椒包起來。
❷ 將❶放在烤爐上炭烤，烤至熟
　透即完成。

Point!
★ 可以在金針菇中加入少許油，增添香氣。

08 烤鮮蚵

材料(3人分)

帶殼蚵…10個

作法

❶ 將蚵洗淨，放在炭火上烤。
❷ 烤到殼自動開啟，表示已熟透。

Point!
★ 蚵越新鮮，烤時收縮越明顯，殼也較難撬開。

Topic 4

冬 · 派對大餐

用香草提升料理的風味，吃出濃烈派對餐

派對裡最常出現的是味道濃烈的西式料理，濃厚的起司、香料粉、胡椒粉和奶製品等。因此除了肉品在採購時，需注意是否為重組肉或海鮮泡藥水增大。香料粉的部分，請挑選「看得懂」的成分說明，如有化學或不了解的成分，最好避免選購。奶製品請選擇單純風味、成分說明沒有香精等標示的牛奶。

03 檸檬雞胸肉

04 迷迭香時蔬烤雞

02 蟹肉蘑菇

05 香料肋排

01 五彩鮭魚

01 五彩鮭魚

材料（2人分）
鮭魚…1片
洋蔥…1/4顆
紅椒…1/4顆
番茄…1/2顆
綠櫛瓜…1/4條
黃櫛瓜…1/4條
大蒜…3顆
白酒…40ml
鹽…1小匙
油…2大匙
綜合香草…少許

A｜紅醬…3大匙
（作法請見P.031）
高湯…200ml
鹽…1小匙

準備
鮭魚抹鹽煎好備用；洋蔥、紅椒、番茄、櫛瓜切丁、大蒜切片備用。

作法
❶ 取一鍋熱油，放入洋蔥、大蒜拌炒，放入白酒，再加入紅椒、番茄、櫛瓜炒到蔬菜稍軟，加入A收乾，撒上綜合香草即可起鍋。
❷ 將鮭魚盛盤，加入蔬菜擺盤即完成。

Point!
★ 大量的蔬菜能夠提升鮭魚的味道。

02 蟹肉蘑菇

材料（4人分）
蟹肉…1盒
洋蔥…1/2顆
蘑菇…1盒
蒜泥…少許
白酒…10ml
麵包粉…150g
鹽…1小匙
綜合香料…少許
橄欖油…2大匙

準備
蟹肉冷水煮過後切絲、洋蔥切丁、蘑菇去皮、去梗；麵包粉分成2分。

作法
❶ 取一平底鍋熱油，加入洋蔥拌炒，再加入蒜泥、白酒炒香，放入蟹肉、半分的麵包粉拌炒，炒到稍微成團，加鹽熄火。
❷ 將炒好的蟹肉團，塞進蘑菇，並裹上另外半分麵包粉，放入烤箱，220度預熱10分鐘，烤10分鐘即完成。

Point!
★ 因為蘑菇會吸水，不可用水洗，而是要用去皮的方式。
★ 麵包粉一分當炒餡，另一分用來沾在蘑菇餡料上。

03 檸檬雞胸肉

材料(4人分)

雞胸肉…1/2片
洋蔥…1顆
大蒜…3顆
白酒…50ml
芥末…1小匙
檸檬…2顆
牛奶…100ml
橄欖油(炒醬)…2大匙
橄欖油(煎雞胸肉)…2大匙

醃料
橄欖油…50ml
綜合香草…2g
鹽…1匙

A
麵粉…100g
高湯…500ml

準備

大蒜切片;檸檬榨汁;將醃料混和,醃製雞胸肉20分鐘。

作法

❶ 取一鍋熱油,放入洋蔥、大蒜片、白酒拌炒,重覆灑入一些麵粉和倒入一些高湯打稠,轉小火,全部加完後,放入牛奶,慢慢攪拌混和。放入檸檬汁、鹽即成為白醬,取出備用。

❷ 取一鍋熱油,開中火,放入雞胸肉稍煎過,加入白醬收乾即完成。

Point!

★ A不需混和,而是分開交錯放入。

04 迷迭香時蔬烤雞

材料(2-4人分)

全雞…1隻
番茄…2顆
蘑菇…10顆
櫛瓜…1條
紅椒…1顆
洋蔥…1顆
迷迭香…2小枝
鹽…1小匙
水…1杯

A｜ 紅酒醋…30ml
　　橄欖油…3大匙
　　蜂蜜…3大匙
　　鹽…1小匙

Point!

★ 可以煮義大利麵，加入雞肉的湯汁，非常美味。
★ 雞腳可以請用棉線話麻線綁起來，擺盤更加美麗。

準備

❶ 將A混和，抹在全雞上(包括外皮和肚子內部)醃製，放在烤盤上。
❶ 番茄洗淨、蘑菇對切、櫛瓜切片、紅椒、洋蔥切丁，平均放在烤盤上，部分塞入全雞的肚子，在全雞的外皮撒上鹽。

作法

❶ 放上醃製好的全雞，將迷迭香葉子取下，平均撒在全雞和烤盤上，在烤盤中放半杯水，覆蓋2層鋁箔紙將烤盤密封起來。
❷ 預熱10分鐘，設定220度，烤50分鐘後，打開鋁箔紙，確認內部是否熟透，可用食物溫度計，插入雞腿測量，如溫度到達75度以上為熟透。不覆蓋鋁箔紙、以同樣溫度烤5分鐘，表層上色即可取出。

05 香料肋排

材料(2人分)

豬腹肉…2片

蒜泥…1大匙

A
 | 鹽…1小匙
 | 紅椒粉…4大匙
 | 辣椒粉…4大匙
 | 胡椒粉…1小匙

鹽…1小匙

水…100ml

B
 | 紅醬…3大匙 (作法請見 P.031)
 | 烤過的紅椒泥…5大匙
 | 蜂蜜…2大匙
 | 鹽…2小匙

準備

將A全部混和打成泥狀;將豬腹肉抹上鹽和蒜泥。

作法

❶ 將A混和;將醃好的豬腹肉沾粉醃製1小時,包上3層鋁箔紙備用。

❷ 預熱烤箱10分鐘,設定220度,取一鐵盤,將肋排放入烤箱,在鐵盤上倒入水,做蒸烤效果,烤約45分鐘(每15分鐘翻面一次)。

❸ 取出肋排,淋上B即完成。

Point!

★ 一次可以多做幾個冷凍保存,要吃時再解凍,淋上醬料回烤即可。

國家圖書館出版品預行編目（CIP）資料

真食手作，Vicky 的無添加日常廚房／廖千慧、趙志遠作 –
初版 -- 臺北市：常常生活文創，2017.11
304 面；19×24 公分
ISBN 978-986-94411-7-9（平裝）

1. 食譜　2. 飲食生活　3. 健康
427.1　　　　　　　　　　　　　　　　106020961

真食手作，Vicky 的無添加日常廚房

35 款醬料╳138 道家庭味，用真食物找回全家人的健康

作者｜廖千慧 Vicky、趙志遠 Jay　繪者｜趙貞晴　攝影｜王隼人
責任編輯｜莊雅雯　文字協力｜Wanyu Wang
美術設計｜黃新鈞　內頁構成｜詹淑娟　行銷企劃｜歐美莉

發行人｜許彩雪　總編輯｜林志恆
出版｜常常生活文創股份有限公司　E-mail｜goodfood@taster.com.tw
地址｜台北市 106 大安區建國南路 1 段 304 巷 29 號 1 樓
電話｜02-2325-2332　傳真｜02-2325-2252
總經銷｜大和圖書有限公司　電話｜02-8990-2588　傳真｜02-2290-1628
製版印刷｜凱林彩印股份有限公司　定價｜NT.499 元
初版一刷｜2017 年 11 月　ISBN｜978-986-94411-7-9